教育部高等职业教育示范专业规划教材

C 语言程序设计实用教程

主　编　陈　方

副主编　吉顺如

参　编　邓　蓓　李　萍

主　审　程龙泉

U0251223

机 械 工 业 出 版 社

本书是为高职高专电类、机类和计算机类等专业编写的 C 语言程序设计实用教材。

全书按照高职高专教学规律，循序渐进、由浅入深地介绍 C 语言的特点和运行环境、各种数据类型及其运算、控制语句、数组、函数、指针、结构体、文件、位运算及综合应用等。每章都附有小结、习题和上机实训题，便于教师施教和学生学习。

本书可作为高职高专电类、机类和计算机类等专业的教材，也可供其他有兴趣的读者学习和参考。

★为方便教师授课，本书配有参考电子教案，有需要的教师可与责任编辑联系（010 - 88379758），免费索取。

图书在版编目（CIP）数据

C 语言程序设计实用教程/陈方主编 . —北京：机械工业出版社，2005.6
（2017.7 重印）

教育部高等职业教育示范专业规划教材

ISBN 978 - 7 - 111 - 16742 - 6

Ⅰ. C... Ⅱ. 陈... Ⅲ. C 语言—程序设计—高等学校—教材 Ⅳ. TP312

中国版本图书馆 CIP 数据核字（2005）第 063687 号

机械工业出版社（北京市百万庄大街22 号 邮政编码100037）
责任编辑：于 宁 责任印制：常天培
保定市中画美凯印刷有限公司印刷

2017 年 7 月第 1 版第 6 次印刷
184mm×260mm · 10. 75 印张 · 262 千字
15001—16500 册
标准书号：ISBN 978 - 7 - 111 - 16742 - 6
定价：27. 00 元

凡购本书，如有缺页、倒页、脱页，由本社发行部调换
电话服务 网络服务
社 服 务 中 心：（010）88361066 教材网:http://www.cmpedu.com
销 售 一 部：（010）68326294 机工官网:http://www.cmpbook.com
销 售 二 部：（010）88379649 机工官博:http://weibo.com/cmp1952
读者购书热线：（010）88379203 封面无防伪标均为盗版

前　　言

C 语言是世界上应用最广泛的几种计算机程序语言之一。目前广泛使用的各种 C 语言编译系统有 Turbo C（简称 TC）、Microsoft C（简称 MSC）、Borland C（简称 BC）等，它们的基本部分都是相同的，本书介绍 Turbo CV2.0。

C 语言是当前软件开发中的主流程序语言之一，它具有适应性强、应用范围广（基本可以取代汇编语言来编写各种系统软件和应用软件）、语言简洁、使用灵活、表达能力强、程序运行效率高、可移植性好、便于学习和应用等特点。C 语言是一种结构化程序设计语言，程序逻辑结构可以用顺序、选择和循环三种基本结构组成。C 语言的函数结构便于对程序进行自顶向下逐步求精的分解，从而实现模块化的结构设计，便于程序模块化，符合现代程序设计风格。另外，C 编译系统所占的存储空间很少，只需 4M 左右。用 C 语言编写各种控制程序可以有效地减少冗余，节省存储空间。如目前比较流行的嵌入式系统（用于控制、监视或者辅助操作机器和设备的装置）软件开发中，大量采用"汇编语言+C 语言"的方式，其中 C 语言占 80%～90%左右。大量嵌入式技术也已经应用于工业控制、数控机床、智能工具、工业机器人、服务机器人等各个行业，正在逐渐改变着传统的工业生产和服务方式。

本书是按照全国高职高专机电类专业教学计划及教材编写工作会议审定的"C 语言程序设计实用教程"编写大纲编写的，吸收了各校高职高专电类、机类专业"C 语言"课程教学改革的经验，将基础性与实用性有机地结合，减少了课时，强化了综合应用，体现了高职特色。

本书由陈方副教授担任主编，吉顺如副教授担任副主编，邓蓓副教授、李萍讲师参编，程龙泉副教授担任主审。其中邓蓓老师编写第 1、2 章；李萍老师编写第 3、4、8、9 章；吉顺如老师编写第 5、6、7 章；陈方老师编写第 10、11 章及 3 个附录，并负责全书的修改与定稿。

本书可作为高职高专电类、机类和计算机类等专业的教材，也可供其他有兴趣的读者学习和参考。

在本书出版之际，主编代表全体作者，感谢参加全国高职高专机电类专业教学计划及教材编写工作会议的各兄弟院校专家对教材编写大纲所提出的宝贵建议，感谢机械工业出版社的有关编辑在本书编写过程中所提出的宝贵意见，以及为本书的出版所做的一切工作。

由于作者水平有限，书中难免有不当之处，恳请专家和广大读者批评指正。

编　者

目　　录

第1章 C语言简介

1.1 发展史和特点

1.1.1 C语言的发展

    C语言是国际上广泛流行的计算机高级程序设计语言。在C语言出现之前，系统软件主要是用汇编语言编写的，程序的可读性和可移植性都比较差。

    1967年，英国剑桥大学的Matin Richards（马丁·理查德）在CPL（Combined Programming Language）语言的基础上，实现并推出了BCPL（Basic Combined Programming Language）语言。BCPL语言是计算机软件人员在开发系统软件时，作为记述语言使用的一种结构化程序设计语言。它能够直接处理与机器本身数据类型相近的数据，具有与内存地址对应的指针处理方式。

    1970年美国贝尔实验室的K.Thompson（肯·苏姆普逊）以BCPL语言为基础；又作了进一步简化，设计出了很简单的而且很接近硬件的B语言（取BCPL的第一个字母），并用B语言写了第一个UNIX操作系统，在PDP-7上实现。但B语言过于简单，功能有限。此后，在美国的贝尔研究所进行更新的小型机PDP-11的UNIX操作系统的开发工作中，Dennis M.Ritchie（戴尼斯·M·利奇）和Brian W.Kernighan（布朗·W·卡尼汉）对B语言做了进一步的充实和完善，于1972年推出了一种新型的程序语言——C语言（取BCPL的第二个字母）。C语言既保持了BCPL和B语言的优点（精练、接近硬件），又克服了它们的缺点（过于简单、数据无类型等）。1973年，K.Thompson和Dennis.M.Ritchie两人合作把UNIX的90%以上用C语言改写（即UNIX第5版）。

    后来，C语言多次作了改进，但主要还是在贝尔实验室内部使用。直到1975年UNIX第6版公布后，C语言的突出优点才引起人们普遍注意。1977年出现了不依赖于具体机器的C语言编译文本《可移植C语言编译程序》，使C语言移植到其他机器时所需做的工作大大简化了，这也推动了UNIX操作系统迅速地在各种机器上实现。1978年以后，C语言已先后移植到大、中、小微型机上，已独立于UNIX和PDP了。

    以1978年发表的UNIX第7版中的C编译程序为基础，Brian W. Kernighan和Dennis M. Ritchie（合称K&R）合著了影响深远的名著《The C Programming Language》，这本书中介绍的C语言成为后来广泛使用的C语言版本的基础，它被称为标准C。1983年，美国国家标准化协会（ANSI）根据C语言问世以来各种版本对C的发展和扩充，制定了新的标准，称为ANSI C。ANSI C比原来的标准C有了很大的发展。1987年，ANSI又公布了新标准——87 ANSI C。目前流行的C编译系统都是以它为基础的。K&R在1988年修改了他们的经典著作《The C Programming Language》，按照ANSI C标准重新写了该书。

    C语言已风靡全世界，成为世界上应用最广泛的几种计算机语言之一。目前在微型机上广泛使用的各种C语言编译系统有Turbo C（简称TC）、Microsoft C（简称MSC）、Borland C

（简称 BC）等，它们的基本部分都是相同的，但也有一些差异，因此读者应了解所用的计算机系统的 C 语言编译系统的特点和规定。本书介绍 Turbo C V2.0。

1.1.2　C 语言的特点

C 语言成为当前软件开发中的主流程序语言，是由它的特点所决定的。C 语言的主要特点如下：

（1）适应性强。它能适应从 8 位微型机到巨型机的所有机种。

（2）应用范围广。它可用于系统软件以及各个领域的应用软件。

（3）语言本身简洁，使用灵活，便于学习和应用。C 语言一共只有 32 个关键字、9 种控制语句，用于构成 C 语言的全部指令。程序书写形式自由，区分大小写字母，C 语言的关键字用小写字母表示。在源程序表示方法上，与其他语言相比，一般功能上等价的语句，C 语言的书写形式更为直观、精练。

（4）语言的表达能力强。C 语言是面向结构化的程序设计语言，通用、直观；运算符达 30 多种，涉及范围广、功能强。可直观处理字符，访问内存物理地址，进行位操作；可以直接对计算机硬件进行操作。它反映了计算机的自身性能，基本可以取代汇编语言来编写各种系统软件和应用软件。

（5）数据结构系统化。C 语言具有现代化语言的各种数据结构，C 语言的数据类型有：整型、实型、字符型、数组类型、指针类型、结构体类型、共用体类型等，便于实现各种复杂的数据结构的运算，且具有数据类型的构造能力。因此，能用来实现各种复杂的数据结构（如链表、树、栈等）的运算。

（6）控制流程结构化。C 语言是一种结构化程序设计语言，即程序的逻辑结构可由顺序、选择和循环三种基本结构组成。C 语言提供了功能很强的各种控制语句（如 if while for switch 等语句），并以函数作为主要结构成分，C 语言的函数结构便于对软件进行自顶向下逐步求精的分解，从而实现模块化的结构设计。便于程序模块化，符合现代程序设计风格。用 C 语言开发的软件不但设计容易、编码容易，而且调试和维护都容易，可以节省人力及系统资源。

（7）运行质量高，程序运行效率高。C 语言所生成的目标代码仅比汇编语言生成的目标代码效率低 10%～20%，但语言编程速度快、程序可读性好，易于调试、修改，这也是 C 语言被广泛应用的原因之一。

（8）可移植性好。统计资料表明，C 语言编译程序 80%以上的代码是公共的，因此稍加修改就能移植到各种不同型号的计算机上。

（9）C 语言存在的不足之处是：运算符和运算优先级过多，不便记忆；语法定义不严格，编程自由度大，给不熟悉的程序员带来一定困难；C 语言的理论研究及标准化工作也有待推进和完善。

另外，C 语言编译系统所占的存储空间很少，只需 4M 左右。用 C 语言编写各种控制程序可以有效地减少冗余，节省存储空间。如目前比较流行的嵌入式系统（用于控制、监视或者辅助操作机器和设备的装置）软件开发中，大量采用"汇编语言+C 语言"的方式，其中 C 语言占 80%～90%左右。各种使用嵌入式技术的电子产品有：MP3、PDA、手机、智能玩具，网络家电、智能家电、车载电子设备等。在工业和服务领域中，大量嵌入式技术也已经应用于工业控制、数控机床、智能工具、工业机器人、服务机器人等各个行业，正在逐渐改变着传统的工业生产和服务方式。

1.2　程序结构及范例

下面看几个简单的 C 语言程序，然后从中分析 C 程序的特性。

[例 1-1]　仅由 main()函数构成的 C 语言程序。

```
main( )
  {
    printf("This  is  a  C  program.") ;
  }
```

程序运行结果：

　　This is a C program.

其中，main( )表示"主函数"。每一个 C 程序都必须有一个主函数。函数体由一对大括弧{　　}括起来。本例中主函数内只有一个输出语句，printf( )是 C 语言中的屏幕输出函数，是 C 语言输入/输出库函数之一。双引号" "内的字符串按原样输出。语句最后有一分号，表示这个语句结束。初学 C 语言者常见错误之一，就是漏写这个分号，或在不该写分号的位置写分号。

[例 1-2]　从计算机键盘上输入两个整数，计算它们的和，并在显示器上输出。

程序如下：

```
#include  <stdio.h>     /* 文件包含命令 */
  main( )               /*  主函数   */
    {
        int  a，b，c ;              /*  声明部分，定义变量  */
        scanf("%d, %d", &a, &b) ;  /*  输入变量 a 和 b 的值  */
        c = a+b ;                  /*  将 a+b 的和值赋值给变量 c  */
        printf("sum = % d", c) ;   /*  输出 c 的值  */
    }
```

程序运行结果：

17，39

sum=56

其中，#include〈stdio.h〉是文件包含命令，其作用是将存放在 include 子目录下的已有文件 stdio.h 插入到该命令所在位置，取代该命令，从而把文件 stdio.h 与当前的源程序合并连成一个源文件。**注意**：文件包含命令后面不要分号。/*……*/表示注释部分，为便于理解，可用汉字表示注释，也可以用英语或汉语拼音作注释；采用注释可提高程序的可读性，对编译和运行不起作用；注释可加在程序中任何位置。第 4 行是声明部分，定义整型变量 a、b 和 c。第 5 行是从键盘上输入 a 和 b 的值（操作过程是：先输入 a，接着输入逗号，再输入 b，回车），scanf( )是键盘输入函数，是 C 语言输入/输出库函数之一，其中"%d"表示输入输出"格式字符串"，d 表示"以十进制整数形式输入"。第 6 行是将 a 和 b 的值求和并赋值给变量 c。第 7 行是先在屏幕上输出 sum=，随后再输出 c 的值。

[例 1-3]   由 main( )函数和 1 个自定义函数 max( )构成的 C 语言程序。

程序如下：

```
int  max(int  x,  int  y)        /*自定义 max 函数，函数值为整型，形参 x、y 为整型*/
{  return(  x>y  ?  x: y  ); }              /*返回 x 与 y 相比较后的大数*/
main( )                          /*主函数*/
{ int   num1，num2;              /*声明部分，定义变量*/
    printf("Input the first integer number：");  /*输出双引号内的字符串*/
    scanf("%d"，&num1);          /*从键盘输入 num1 的值*/
    printf("Input the second integer number：");   /*输出双引号内的字符串*/
    scanf("%d"，&num2);          /*从键盘输入 num2 的值*/
    printf("max=%d\n"，max(num1，num2));  /*将 num1、num2 的值传递给函数 max 并
                                         输出函数的返回值*/

}
```

程序运行结果：

Input the first integer number:6

Input the second integer number:9

max=9

其中，自定义函数 max 的作用是接受传递来的 num1、num2 这两个数后，找出其中的较大者，并用 return 语句将大值返回。

通过以上几个例子，可以看到：

（1）一个 C 程序都是由若干个函数构成的，函数是 C 程序的基本单位。在一个 C 程序中，必须有且只有一个函数名为 main 的主函数，可以有库函数和自定义函数。自定义函数是用户根据需要自己编制的函数（如例 1-3 中的 max 函数）。C 语言的函数库十分丰富，ANSI C 建议的标准库函数中包括 100 多个函数，Turbo C 和 MSC4.0 提供 300 多个库函数。本书附录 C 中列举了一些常用的库函数，要从事 C 语言的研究和开发工作，应准备一本库函数手册。

（2）一个函数由两部分组成：

1）函数的首部，即函数的第一行。包括函数名、函数类型、函数参数（形参）名、参数类型。

例如：例 1-3 中的 max 函数的首部为

```
    int          max          ( int          x,          int          y )
     ↓            ↓            ↓            ↓            ↓            ↓
  函数类型     函数名     函数参数类型   函数参数名   函数参数类型   函数参数名
```

一个函数名后必须跟一对圆括弧，函数参数可以没有，如 main( )。

2）函数体，即函数首部下面的大括弧{ }内的部分。如果一个函数内有多个大括弧，则最外层的一对{ }为函数体的范围。

函数体一般包括：

① 说明部分：对程序中用到的变量或函数等给出声明，它只在程序的编译阶段起作用，而在程序的运行中不起作用，如"int   x，y;"。

② 可执行语句：将在编译时产生可以执行的指令代码。

（3）一个 C 程序总是从 main 函数开始执行的，而不论 main 函数在整个程序中的位置如何（main 函数可以放在程序最前头，也可以放在程序的最后；或在一些函数之前、在另一些函数之后）。

（4）C 程序书写格式自由，一行内可以写几个语句，一个语句可以分写在多行上。C 程序没有行号。

（5）每个语句和数据定义的最后必须有一个分号。分号是 C 语句的必要组成部分。分号必不可少，即使是程序中最后一个语句也应包含分号。

（6）C 语言本身没有输入输出语句。输入输出的操作是由库函数 scanf 和 printf 等函数来完成的。

（7）可以用/*……*/对 C 程序中的任何部分作注释，以增加程序的可读性。这部分内容不受 C 语言的语法制约，不参加源程序的编译。注释可以使用自然语言书写，其编写要简明扼要，清晰易懂。注释文本也可以放在文件的开始，用来说明文件名称、开发日期、版本、作者以及功能介绍等。注释文本也可以放在程序某一段的前面，用来分隔程序段落并对该段程序代码的功能进行说明。对一行源程序代码的注释则放在该行的后边，用来解释说明本行的运算。"/*"和"*/"必须成对使用，且"/"和"*"以及"*"和"/"之间不能有空格，否则都出错。

1.3　程序设计

1.3.1　C 语言的语句

与其他高级语言一样，C 语言也是利用函数体中的可执行语句，向计算机系统发出操作命令。按照语句功能或构成的不同，可将 C 语言的语句分为 5 类。

1. 控制语句　控制语句完成一定的控制功能。C 语言只有 9 条控制语句，又可细分为 3 种：

（1）选择结构控制语句

if( )…else…,　switch( )…

（2）循环结构控制语句

do…while( ),　for( )…,　while( )…,　break,　continue

（3）其他控制语句

　goto,　return

2. 函数调用语句　函数调用语句由一次函数调用加一个分号（语句结束标志）构成。例如：

```
func( )
{   printf("This  is  a  C  function  statement.");
}
main( )
{   func( );        /*调用函数 func( )*/
}
```

3. 表达式语句　表达式语句由表达式后加一个分号构成。最典型的表达式语句是在赋值表达式后加一个分号构成的赋值语句。

例如："num=5" 是一个赋值表达式，而 "num=5；" 却是一个赋值语句。

表达式能构成语句是 C 语言的一个特色。其实 "函数调用语句" 也是属于表达式语句，因为函数调用也属于表达式的一种。只是为了便于理解和使用，才把 "函数调用语句" 和 "表达式语句" 分开说明。由于 C 程序中大多数语句是表达式语句（包括函数调用语句），所以把 C 语言称作 "表达式语言"。

4．空语句　空语句仅由一个分号构成。显然，空语句什么操作也不执行。

5．复合语句　复合语句是由大括号括起来的一组（也可以是 1 条）语句构成。例如：

```
main( )
  { ……            {……}   /*复合语句。注意：右括号后不需要分号。*/
    ……            }
```

复合语句的性质：

（1）在语法上和单一语句相同，即单一语句可以出现的地方，也可以使用复合语句。

（2）复合语句可以嵌套，即复合语句中也可出现复合语句。

（3）复合语句中最后一个语句中的最后那个分号不能忽略不写。

1.3.2　程序基本结构

近年来广泛采用结构化程序设计方法，使程序结构清晰、易读性强，以提高程序设计的质量和效率。从程序流程的角度来看，程序可以分为三种基本结构，即顺序结构、选择结构、循环结构（见图 1-1、图 1-2、图 1-3）。这三种基本结构可以组成所有的各种复杂程序。C 语言提供了多种语句来实现这些程序结构。本章节介绍这些基本结构，使读者对 C 程序有一个初步的认识，为后面各章的学习打下基础。

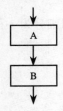

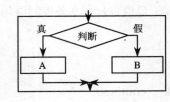

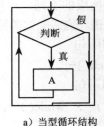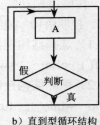

a）当型循环结构　　b）直到型循环结构

图1-1　顺序结构　　　　　图1-2　选择结构　　　　　　　图1-3　循环结构

1．顺序结构　就是先执行 A 操作，后执行 B 操作，两者是顺序执行的关系。

2．选择结构　当判断条件成立（或为 "真"）时执行 A 操作，否则执行 B 操作。

注意：只能执行 A 操作或 B 操作其中之一。

3．循环结构　有两种循环结构：

（1）当型循环结构（见图 1-3a），即当判断条件成立（"真"）时反复执行 A 操作，直到判断条件不成立（"假"）时才停止循环。

（2）直到型循环结构（见图 1-3b），先执行 A 操作，再判断条件是否为"假"，若为假，再执行 A 操作，如此反复，直到判断为"真"为止。

由选择结构可以派生出另一种基本结构，即多分支选择结构，如图 1-4 所示。

根据 k 的值（k1，k2，…，ki，kn）不同，而决定执行 A1，A2，…，Ai，An 之一的操作。这就是多分支选择结构。

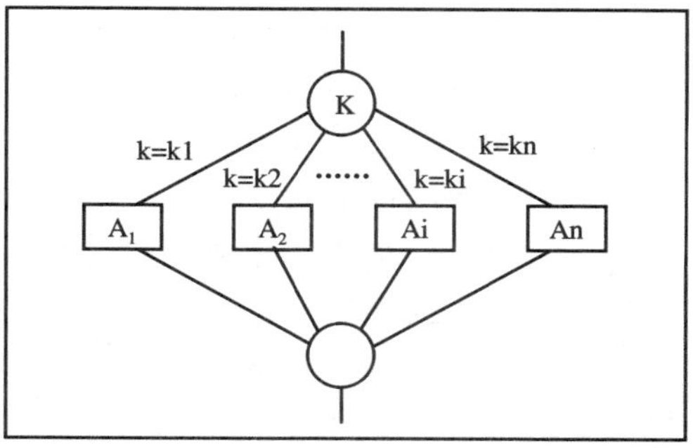

图1-4　多分支选择结构

1.3.3　关键字

C 语言的关键字共有 32 个，根据关键字的作用，可分其为数据类型关键字、控制语句关键字、存储类型关键字和其他关键字四类。

（1）数据类型关键字（12 个）：char，double，enum，float，int，long，short，signed，struct，union，unsigned，void。

（2）控制语句关键字（12 个）：break，case，continue，default，do，else，for，goto，if，return，switch，while。

（3）存储类型关键字（4 个）：auto，extern，register，static。

（4）其他关键字（4 个）：const，sizeof，typedef，volatile。

1.3.4　基本字符集

一个 C 程序是 C 语言基本字符构成的一个序列。C 语言的基本字符集包括：

（1）数字字符：0、1、2、3、4、5、6、7、8、9。

（2）字母：A、B、C、……、Z、a、b、c、……、z（字母的大小写是可区分的）。

（3）运算符：+、－、*、/、%、=、<、>、<=、>=、!=、==、<<、>>、&、|、&&、||……。

（4）特殊符号和不可显示字符：_（连字符或下划线）、空格、换行、制表符。

1.3.5　标识符

在程序中有许多需要命名的对象，C 语言规定了在程序里描述名字的规则，这些名字包括：变量名、常数名、数组名、函数名、文件名、类型名等，通常统称为"标识符"。

（1）命名规则：标识符由字母、数字或下划线"_"组成，它的第一个字符必须是字母或下划线。例如：c_1、_str 是合法的，而 8c3 是非法的。命名时通常采用英语或汉语拼音，见名知意；命名时字母大小写是有区别的，如 a、A 是不同的标识符；标识符不能和关键字相同，也不要和库函数名相同。

（2）长度规则：在 Turbo C V2.0 中，标识符的有效长度为 1 至 32 个字符。在不同的系统中，长度规定不同，无论哪个系统，至少前 8 个字符有效。

1.4　编程环境

1.4.1　运行一个 C 语言程序的一般过程

Turbo C 是一个集源程序编辑、编译、连接、运行与调试于一体、用菜单驱动的集成软件环境。编辑并运行一个 C 语言程序的一般步骤如下：

（1）启动 TC，进入 TC 集成环境。

（2）编辑（或修改）源程序。

（3）编译。如果编译成功，则可进行下一步操作；否则，返回（2）修改源程序，再重新编译，直至编译成功。

（4）连接。如果连接成功，则可进行下一步操作；否则，根据系统的错误提示，进行相应修改，再重新连接，直至连接成功。

（5）运行。通过观察程序运行结果，验证程序的正确性。如果出现逻辑错误，则必须返回（2）修改源程序，再重新编译、连接和运行，直至程序正确。

（6）保存源程序。

（7）退出 TC 集成环境，结束本次程序运行。

其中，第（3）至第（5）步也可以合并进行。

1.4.2 TC 的启动、退出与命令菜单

1．启动 Turbo C   如果采用 DOS 方式启动，则先进入 Turbo C 子目录，输入 TC，回车；如果采用 Windows 方式启动，则先进入 Turbo C 子目录，双击 TC.EXE 文件。

进入 Turbo C V2.0   集成开发环境中后，其顶上一行为 Turbo C V2.0 主菜单，中间窗口为编辑区，接下来是信息窗口，最底下一行为参考行。这四个窗口构成了 Turbo C V2.0 的主屏幕，以后的编程、编译、调试以及运行都将在这个主屏幕中进行。Turbo C V2.0 主菜单及子菜单的详细介绍见附录 A。

2．窗口简介   启动 Turbo C 后，其主菜单条横向排列在屏幕顶端，并被激活，其中 File 主项成为当前项。主菜单的下面，是 Edit（编辑）窗口和 Message（消息）窗口。两个窗口中，顶端横线为双线显示的，表示该窗口是活动窗口。

编辑窗口的顶端为状态行，其中：

① Line 1 Col 1：显示光标所在的行号和列号，即光标位置。

② Insert：表示编辑状态处于"插入"。当处于"改写"状态时，此处为空白。

③ d: NONAME.c：显示当前正在编辑的文件名。显示为"NONAME.c"时，表示用户尚未给文件命名。屏幕底端是 7 个功能键的说明，以及 Num Lock 键的状态（显示"NUM"时，表示处于"数字键"状态；空白，表示处于"控制键"状态）。

3．菜单的使用

（1）按下功能键 F10，激活主菜单。如果主菜单已经被激活，则直接转下一步。

（2）用左、右方向键移动光带，定位于需要的主项上，然后再按回车键，打开其子菜单（纵向排列）。

（3）用上、下方向键移动光带，定位于需要的子项上，回车即可。执行完选定的功能后，系统自动关闭菜单。

注意：菜单激活后，又不使用，可再按 F10／Esc 键关闭，返回原来状态。

4．设置路径   在一台计算机上安装 Turbo C V2.0 后，因不同的用户安装的路径不同（如有的安装为 C：\tc，有的安装为 D：\ turboc2 等），因此，第一次启动 Turbo C V2.0 后，首先应正确设置路径并保存，再编辑和调试源程序。否则如果路径不对，调试（编译、连接、运行）时会提示错误。

　　以 Turbo C V 2.0 安装在 D：\ turboc2 为例。在 turboc2 目录中，已有两个 Turbo C V 2.0 自带文件夹 Include 和 Lib 及若干其他文件（包括 tc.exe）；另外用户新建一个文件夹 User，用于保存自编的 C 程序。设置路径的步骤如下：

　　（1）进入 Options（选择菜单）| Directories（路径）| Include directories（包含文件的路径），输入 D：\ turboc2\Include，回车确定；

　　（2）进入 Options（选择菜单）| Directories（路径）| Library directories （库文件路径），输入 D：\ turboc2\Lib，回车确定；

　　（3）进入 Options（选择菜单）| Directories（路径）| Output directory （输出项目文件（.obj 文件）和可执行文件（.exe）文件的路径），输入 D：\ turboc2\User，回车确定；

　　（4）进入 Options（选择菜单）| Directories（路径）| Turbo C directory（输出源文件（.c 文件）的路径），输入 D：\ turboc2\User，回车确定；

　　（5）进入 Options（选择菜单）| Save options （存储配置），保存所有新的设置，对弹出的窗口，依次按回车、Y 即可。其中提示的文件 TCCONFIG.TC 为配置文件。

　　完成上述步骤后，就可以编辑和调试源程序了，以后再启动 Turbo C2.0，也不用再行设置。

　　5．退出 Turbo C　退出 TC 有两种方法：

　　（1）菜单法：File | Quit（先选择 File 主项，再选择并执行 Quit 子项）。

　　（2）快捷键法：Alt+X（先按下 Alt 键并保持，再按字母键 X，然后同时放开）。

1.4.3　编辑并保存一个 C 语言源程序

　　1．激活主菜单　选择并执行 File | Load 项（快捷键：F3）。

　　2．输入文件名　在"Load File Name"窗口，输入源程序文件名。

　　文件名的输入有两种方法：直接输入和选择输入。

　　（1）直接输入。按照文件名的组成字符串，逐个字符输入即可。如果是已经存在的文件，系统就在编辑窗口显示该文件的内容，可供编辑、修改。如果是新文件，则给出一个空白编辑窗口，可供输入新的源程序。如果该文件不在当前目录下，则需要冠以路径名和（或）盘符。

　　（2）选择文件（仅适用于已经存在的源程序文件）

　　① 空回车，打开当前目录下、后缀为.c 的所有文件的文件名窗口。

　　② 用上、下、左、右方向键，将光带定位于所需的文件名上。

　　③ 按回车键。

　　3．常用编辑操作　在编辑源程序过程中，随时都可以按 F2 键（或 File | Save），将当前编辑的文件存盘，然后继续编辑，所编辑的源程序运行成功后，要保存文件。这是一个良好的习惯！

　　关于在线帮助：在任何窗口（或状态）下，按 F1 键激活活动窗口（或状态）的在线帮助。

● 　下一页 ——PageDown，返回上一页 ——PageUp。

● 　关闭在线帮助、返回原窗口（或状态）——Esc。

● 　返回前一个在线帮助屏 ——Alt+F1（无论在线帮助是否被激活）。

● 　返回在线帮助索引 ——F1：激活在线帮助后，再按 F1，则返回在线帮助索引，以便查询其他类别在线帮助信息。

● 　查询库函数的在线帮助信息 ——^F1：将光标移到需要查询函数名的首字符上，然后键入^F1，即可获得该库函数的在线帮助信息。

注：为简化描述，用"^"代表"Ctrl"键。^Fn 就是 Ctrl+Fn，下同。

1.4.4　编译、连接、运行单个源程序文件

对编辑好的源程序，选择并执行 Compile | Make.EXE File 项（快捷键：F9），则 TC 将自动完成对当前正在编辑的源程序文件的编译、连接、运行（即 1.4.1 中的第（3）至第（5）步骤合并进行），并生成可执行文件。

如果源程序有语法错误，系统将在屏幕中央的"Compiling"（编译）窗口底端提示"Error: Press any key"（错误：按任意键）。此时，若按空格键，则屏幕下端的"Message"（消息）窗口被激活，显示出错（或警告）信息，光带停在第一条消息上。这时"Edit"（编辑）窗口中也有一条光带，它总是停在编译错误在源代码中的相应位置。

注意：当用上、下键移动消息窗口中的光带时，编辑窗口中的光带也随之移动，始终跟踪源代码中的错误位置！

1.4.5　查看结果

程序运行结束后，仍返回到编辑窗口。此时选择并执行 Run | User Screen 项（快捷键：Alt+F5），可查看运行结果，按任一键就返回编辑窗口。如果发现逻辑错误，则可在返回编辑窗口后，进行修改；然后再重新编译、连接、运行，直至正确为止。

1.4.6　编辑下一个新的源程序

选择并执行 File | New 项即可。

如果屏幕提示如下确认信息：

NONAME.c not saved. Save?（Y/N）

如果需要保存当前正在编辑的源程序，则键入"Y"，输入文件的保存路径和文件名；否则，键入"N"（不保存），系统给出一个空白的编辑窗口，可以开始编辑下一个新的源程序。

1.4.7　利用记事本编写与保存源程序

Turbo C V2.0 是英文环境，源程序中的汉字（如注释或字符串中汉字）显示出来是乱码，可以在 UCDOS、汉化版的 TC 或中文版的 VC 环境中显示和编辑汉字。教学中，为便于学生理解，对源程序的注释多采用汉字。可利用 Windows 附件中的记事本编写、保存、打开、修改 C 源程序。为便于查找用户自编的 C 程序文件，建议在 Turbo C V2.0 的子目录下新建一个文件夹 user（或 work），保存自编的 C 程序文件。在用记事本保存文件时，保存类型选择"所有文件"，文件名用汉字、字母、数字及其他符号都可以，因 Turbo C V2.0 是英文环境，建议不用汉字，文件扩展名取 C（如 file.c），保存到 Turbo C V2.0 的子目录下的 user（或 work）文件夹中。

本 章 小 结

1. C 语言是一种功能强大的计算机高级语言，它既适合作为系统描述语言，也适合作为通用的程序设计语言。任何计算机语言都有一系列的语言规定和语法规则，C 语言的基本规则是：有自己的基本字符集、标识符、关键字、语句和标准库函数等；C 程序的基本单位是函数，一个完整的 C 程序有且仅有一个主函数 main，可以有若干个子函数，也可以没有子函

数。这些子函数有用户自定义的函数，也有 C 编译系统提供的标准库函数。每个函数都由函数说明和函数体两部分组成，函数体必须用一对花括号括起来。

2. C 语言中包含了五种基本语句：控制语句、函数调用语句、表达式语句、空语句、复合语句，它们完成各自特定的操作。C 程序每个语句都由分号作为结束标志。

3. C 语言采用结构化程序设计方法，使程序结构清晰、易读性强。从程序流程的角度来看，程序可以分为三种基本结构，即顺序结构、分支结构、循环结构。C 语言提供了多种语句来实现这些程序结构。

4. 一个 C 源程序需要经过编辑、编译和链接后才可运行，C 源程序（.c）编译后生成目标文件（.obj），对目标文件和库文件连接后生成可执行文件（.exe）。程序的执行是对可执行文件而言的。

习　题　1

1. C 语言有哪些主要特点？
2. C 语言的基本单位是什么？
3. C 语言程序的 3 种基本结构是什么？
4. C 语言标识符的命名规则是什么？
5. C 语言有几种语句？单个语句以什么符号结束？复合语句如何表示？

上　机　题

一、目的和要求

1. 熟悉 C 语言的开发环境和 C 程序的上机步骤。

2. 了解 Turbo C V2.0 编译系统，熟悉各菜单的功能，掌握在该系统上编辑、编译、连接和运行一个 C 程序的方法。

3. 经过调试、运行简单的 C 程序，初步了解 C 语言源程序的特点。

二、练习题

1. 根据正在使用的计算机的情况，在 Turbo C 目录下设置一个 user 子目录，用来保存自己编写的 C 源程序；在 Turbo C V2.0 集成环境中，在 Options（选择菜单）下的 Directories（路径）中，正确设置：Include directories、Library directories 、Output directory 和 Turbo C directory 的目录，并通过 Save options （存储配置），保存所有的选择。

2. 写一个 C 程序，输出一句话 "This is a C program."。

3. 编写一个 C 程序，求一个圆的面积。

4. 编写一个 C 程序，输入 a、b、c 三个值，输出其中最大者。

5. 编写一个 C 程序，从键盘上输入两个字符，计算其 ASCII 码值的相减值和相加值。

第 2 章　数据类型及其运算

2.1　数据类型

C 语言的数据类型可以划分为基本类型、构造类型、指针类型及空类型四种，如图 2-1 所示。

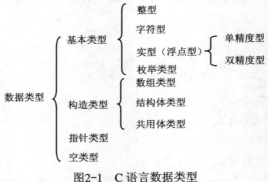

图2-1　C 语言数据类型

本章将介绍基本类型中的整型、字符型和实型这三种数据类型，其他数据类型将在后续章节中陆续介绍。

2.2　常量与变量

2.2.1　常量

1. 常量的概念　在程序运行过程中，其值不能被改变的量称为常量。

2. 常量的分类（见图 2-2）

图2-2　常量的分类

（1）整型常量：如 3，123，0 是整型数，称为整型常量。

（2）实型常量：如 4.6，12.768，-3.2 带有小数，称为实型常量。

（3）字符常量。如 'a'，'b'，'d' 这些量是由单引号括起来的一个字符，称为字符常量。

（4）字符串常量。如 "school"，"How do you do?" 是由双引号括起来的一串字符（可以包括空格符、标点符号等），称为字符串常量。

3. 符号常量　在编程时，为了减少具体常量的重复出现，以避免写错及程序易读，往往将一个常量用一个名字代替，这个名字就是该常量的标识符，这个标识符称为符号常量。符号常量一般用大写字母组成的名来表示（以区别用小写字符标识的变量）。一般用宏定义 #define 命令来定义符号常量，且往往置于程序的开头，这样一旦程序中要修改这个常量，仅需在程序开头修改这个定义即可，因而为编程带来了很大的方便。例如：

```
#define   PI      3.1415
#define   R       10
main ( )
   {
       float   s,v;
       s=PI*R*R;
       v=4/3*PI*R*R*R;
       printf("%f，%f",s,v);  /*以实数形式输出圆的面积、体积*/
   }
```

在该程序中，当求圆的面积和体积时，圆周率与半径具体值不出现在源程序的函数中，使得程序易读、易查错、易修改。

上述程序在进行预编译时，凡出现 PI 与 R 的地方，均用 3.1415 与 10 这两个常量代替，若要修改半径，仅需对 #define 中的定义修改即可，这样全程序中均采用这个修改过的值。

2.2.2　变量

1. 变量的概念　在程序运行过程中，其值可以被改变的量称为变量，常用小写字母、单词或汉语拼音来表示。它们可以在规定数值允许的范围里任意赋值，即其值可变。C 语言的关键字不能用作变量名。

2. 变量的两个要素

（1）变量名。每个变量都必须有一个名字 ——变量名，变量命名遵循标识符命名规则。

（2）变量值。在程序运行过程中，变量值存储在内存中。在程序中，通过变量名来引用变量的值。

3. 变量的定义与初始化　在 C 语言中，要求对所有用到的变量，必须先定义、后使用；也可以在定义变量的同时进行赋初值的操作，称为变量初始化。

（1）变量定义的一般格式

[存储类型] 数据类型　变量名[，变量名 2……]；

例如：float　r，l，area；　　　　/*说明 r、l、area 为 3 个实型变量*/

（2）变量初始化的一般格式

[存储类型] 数据类型　变量名[=初值][，变量名 2[=初值 2]……]；

例如：float　r=2.5，l，area；

变量的存储类型可以缺省，详见第 5 章介绍。

2.2.3　整型数据

不带小数的数据称为整型数据。整型数据又分为整型常量与整型变量。

　　C 语言提供了多种整数类型，用以适应不同的情况的需要。常用的整数类型有：整型、长整型、无符号整型和无符号长整型等四种基本类型。

　　1．整型变量　整型变量具有四种类型：整型、长整型、无符号整型和无符号长整型。整形变量以关键字 int 作为基本类型说明符，另外配合 4 个类型修饰符，用来改变和扩充基本类型的含义，以适应更灵活的应用。可作为基本型 int 上的 4 个类型修饰符有：

long	长
short	短
signed	有符号
unsigned	无符号

这些修饰符与 int 可以组合成如表 2-1 所示的不同整数类型。

表 2-1　ANSI 标准规定的整型变量属性表

数 据 类 型	占用字节数	取 值 范 围
int	2	$-32768 \sim 32767$，即$-2^{15} \sim (2^{15}-1)$
short [int]	2	同 int
long [int]	4	$-2147483648 \sim 2147483647$，即 $-2^{31} \sim (2^{31}-1)$
signed [int]	2	同 int
signed short [int]	2	同 int
signed long [int]	4	同 long
unsigned [int]	2	$0 \sim 65535$，即 $0 \sim (2^{16}-1)$
unsigned short [int]	2	同 unsigned int
unsigned long [int]	4	$0 \sim 4294967295$，即 $0 \sim (2^{32}-1)$

　　由表可见，有些修饰符是多余的，如 signed 和 short 都是不必要的，因为 signed int 、short int 、signed short int 与 int 类型都是相同的。表中给出的这些修饰符只是为了提高程序的可读性。

　　有符号的整型数在内存中用二进制表示，最高位为符号位，0 表示为正，1 表示为负。一个整型数对应有原码、反码和补码 3 种形式，正数的三种码相同，负数的三种码不同。例如：

　　（1）17 的三种码都为：0000 0000 0001 0001（转化为十进制为：$1 \times 2^4 + 1 = 17$）。

　　（2）-17 的原码为：1000 0000 0001 0001（转化为十进制为：$-(1 \times 2^4 + 1) = -17$）；

　　（3）-17 反码为（除符号位不变外，其他各位按位取反）：1111 1111 1110 1110；

　　（4）-17 的补码为（-17 的反码最低位加 1）：1111 1111 1110 1111。

　　整型数在内存中用补码表示。

　　无符号的整型数符号位也用来表示数的值。当无符号型变量定义中省略了其后的变量类型时，均认为是 unsigned int 型，即 unsigned 定义等于 unsigned int 定义。

　　2．整型常量　整型常量即整常数。在 C 语言中，整常数可用以下三种形式表示：

　　（1）十进制整数。如 0，123，-789 等。

　　（2）八进制整数。以数字 0 开头，表示与十进制数的区别。如 0457，表示八进制数 457，即（457）$_8$，其值转化成十进制为 $4 \times 8^2 + 5 \times 8^1 + 7 \times 8^0 = 303$。对八进制数，每位仅能出现 $0 \sim 7$

共 8 个数。

（3）十六进制数。以 0x 作为开头，表示与八进制数的区别，对十六进制数，每位可出现 0～9，A，B，C，D，E，F（字母大、小写都可以）共 16 个数字。其中 A 表示 10，B 表示 11，…，F 表示 15。如：0x49D，表示十六进制数 49D，即（49D）$_{16}$，其值转化成十进制为 $4 \times 16^2 + 9 \times 16^1 + 13 \times 16^0 = 1181$。

对于长整型常量同样可以用十进制、八进制和十六进制 3 种形式表示。其表示形式是在整型常量之后加上字母 "L"（大小写均可，建议用大写，因小写容易与数字 1 混淆）。例如：123L，−1245789L，0xf3aeL 等都是长整型常量。

3．整型变量的赋值　当整型变量在程序开头进行了定义后，对其赋值必须严格按照其允许值的范围进行。如定义 int a，又给 a 赋值 a=32769，则编译程序时会提示出错，因其值超出了该变量可以表示的范围，显然 32769 属于 long int 型的范围。

2.2.4　实型数据

1．实型变量　实型变量又分为单精度（float）、双精度（double）和长双精度（long double）3 种。如表 2-2 所示。

表 2-2　实型变量

类　　型	存储字节数	有 效 数 字	数字数值范围
单精度型	4 字节	6～7	$-3.4 \times 10^{-38} \sim 3.4 \times 10^{38}$
双精度型	8 字节	15～16	$-1.7 \times 10^{-308} \sim 1.7 \times 10^{308}$
长双精度型	16 字节	18～19	$-1.2 \times 10^{-4932} \sim 1.2 \times 10^{4932}$

（1）单精度型。单精度变量用 float 进行定义，在内存中占 4 字节（32 位）、取值范围为 ±（3.4E−38～3.4E+38）、提供 6～7 位有效数字。

（2）双精度型。双精度变量用 double 进行定义，在内存中占 8 个字节（64 位）、取值范围为 ±（1.7E−308～1.7E+308）、提供 15～16 位有效数字。

（3）长双精度型。长双精度变量用 long double 进行定义，在内存中占 16 个字节（128 位）、提供 18～19 位有效数字。

2．实型常量　实型常量即实数，在 C 语言中又称浮点数，其值有两种表达形式：

（1）十进制小数形式。由数字和小数点组成（**注意：必须有小数点**），如 3.14、.98、0.0、176.0 等都是十进制小数形式。

（2）科学记数法：<尾数>E（e）<整型指数>。如 123e3 或 123E3 代表 123×10^3。**注意：**e 或 E 前必须有数字，其后必须为整数。如 e3、3e2.5、−E4 都是错的。

对于上述两种书写形式，系统默认为是双精度实型常量，可表示 16 位有效数字。如果要表示单精度实型和长双精度实型常量，只要在上述书写形式后分别加上后缀 f(F)或 l(L)即可。例如：

① 2.3f，−1.5e4F 为合法的单精度实型常量，有 6～7 位有效数字。

② 1234.56L，−0.123L，2e4L 为合法的长双精度实型常量，有 18～19 位有效数字。

一个实型常量，根据其值的大小，可以赋给一个相应的实型变量（float 型、double 型或 long double 型）。

3．实型变量的定义　　实型变量的定义，只需在说明语句中指明实型数据类型和相应的变量名即可。

例如：　　float　a,b;　　　　/*说明变量 a,b 为单精度型实数*/

　　　　　double　c,d;　　　　/*说明变量 c,d 为双精度型实数*/

　　　　　long double e,f;　　/*说明变量 e,f 为长双精度型实数*/

在 C 程序中，用十进制形式数给实型变量赋值时，float 型变量最多只接受 7 位有效数字，例如：float　a;

　　　　a=111111.111;

实际上 a 只取 111111.1，即小数最后两位不起作用。当用十进制数给双精度型变量赋值时，double 型最多只接受 16 位有效数字，例如"double　b；b=111111.111；"，则 b 将全部接受所赋的 9 位数字。当用十进制数给长双精度变量赋值时，long double 可接受 19 位有效数字。

2.2.5　字符型数据

在 C 语言中，字符型数据包括字符和字符串两种，如 'a' 是字符，而 "Windows" 是字符串。字符型数据在计算机中存储的是字符的 ASCII 码，一个字符占一个字节。由于 ASCII 形式上就是 0 到 255 之间的整数，因此 C 语言中字符型数据和整型数据可以通用。如字符 'A' 的 ASCII 码值用十进制表示是 65（见附录 B），所以它可以直接与整型数据进行算术运算、混合运算，可以与整型变量相互赋值，也可以将字符型数据以字符或整数两种形式输出。字符数据分为字符常量和字符变量两种。

1．字符常量　　用一对单引号括起来的单个字符，称为字符常量，如 'A'、'a'、'+' 等。其中单引号只作为定界符，表示其内的字符为一常量，它不属于该字符常量。字符常量是有值的，它的值就是表示该字符常量的 ASCII 编码值。在计算机内，每个字符是用其 ASCII 码表示的。

C 语言还允许使用一种特殊形式的字符常量，就是以反斜杠 "\" 开头的转义字符。例如：

\n　　　　　表示换行；

\t　　　　　光标横向跳动一段字符（如 8 个，相当于按 Tab 键）；

\v　　　　　竖向跳格；

\b　　　　　退格；

\r　　　　　回车；

\f　　　　　换页；

\\　　　　　代表 "\" 符号；

\'　　　　　代表 "'" 单引号；

\ddd　　　　表示 ddd 为一个用 1 到 3 位八进制表示的 ASCII 码所代表的字符；

\xhh　　　　表示 hh 为一个用 1 到 2 位十六进制代表的字符。

如\101 代表字符 A；\0 或\000 表示空字符，它代表的 ASCII 码为 0。

2．字符变量　　字符变量用于存放字符，即一个字符型变量可存放一个字符。字符变量在使用前必须用类型关键字 char 进行定义。例如：

char　a1，a2;

a1='a'；a2='b'；

字符变量在内存中占用一个字节内存单元，实际存储时是将该字符的 ASCII 码值（无符号整数）存储到内存单元中。如 a 的 ASCII 码为 97。

由于字符数据在内存中存储的是字符的 ASCII 码 —— 一个无符号整数，其形式与整数的存储形式一样，所以 C 语言允许字符型数据与整型数据之间通用。

（1）一个字符型数据，既可以字符形式输出，也可以整数形式输出。

[**例 2-1**]　字符变量的字符形式输出和整数形式输出。

程序如下：

```
/*程序功能：用字符型和整数型输出字符变量*/
main()
  { char  ch1，ch2;
     ch1='a'; ch2='b';
     printf("ch1=%c，ch2=%c\n"，ch1，ch2);          /*其中 c 表示以字符输出*/
     printf("ch1=%d，ch2=%d\n"，ch1，ch2);          /*其中 d 表示以整数输出*/
  }
```

程序运行结果：

```
ch1=a,ch2=b
ch1=97,ch2=98
```

（2）允许对字符数据进行算术运算，此时就是对它们的 ASCII 码值进行算术运算。

[**例 2-2**]　字符数据的算术运算。

程序如下：

```
/*程序功能：字符数据的算术运算*/
main()
{ char  ch1，ch2;
ch1 = 'a' ;  ch2 = 'B' ;
printf("ch1=%c,ch2=%c\n",ch1-32,ch2+32);          /*字母的大小写转换*/
printf("ch1+200=%d\n"，ch1+200);
printf("ch1+200=%c\n"，ch1+200);                   /*297-256=41，对应的 ASCII 字符为）*/
printf("ch1+256=%d\n"，ch1+256);
printf("ch1+256=%c\n"，ch1+256); }
```

程序运行结果：

```
ch1=A,ch2=b
ch1+200=297
ch1+200=)
ch1+256=353
ch1+256=a
```

3. 字符串常量　如前所述，用一对双引号括起来的若干字符序列，称为字符串常量。如果反斜杠和双引号作为字符串中的有效字符，则必须使用转义字符。

例如：　① C:\turboc2\user　　　　　→　　　　"C:\\turboc2\\user"
　　　　② I say:"Good bye!"　→　　　　"I say:\"Good bye!\""

C 语言规定：在存储字符串常量时，由系统在字符串的末尾自动加一个'\0'作为字符串的结束标志，这样在输出或取该字符串时，便以此字符为终结，不会向后再取其他字节的内容。'\0'字符实际上是一个 ASCII 码为 0 的空字符，不能显示，也不引起计算机发生任何具体动作，该空字符有时又称为 NULL 字符。如字符串"a"在内存中占用 2 个字节：

a	\0

它的长度是 2 个字节。由此可知，字符'a'与字符串"a"除了表现形式上有单引号和双引号的区别外，在内存上占用的字节也不同，前者只占 1 个字节，后者占 2 个字节。

2.3　用 typedef 定义类型

在定义数据类型时，除了可以直接使用 C 提供的标准类型名（如 int、char、float、double、long 等）外，还可以用 typedef 声明新的类型名来代替已有的类型名。C 语言提供用 typedef 来定义新的类型名，以代替已有的类型名，例如：

　　typedef int INTEGER；

指定用 INTEGER 代表 int 类型，这样以下两行等价：

　　int　I，j；

　　INTEGER　I，j；

如果在一个程序中，一个整型变量用来计数，可用："typedef int COUNT；COUNT i,j;"，即将变量 i、j 定义为 COUNT 类型，而 COUNT 等价于 int，因此 i、j 是整型。在程序中将 i、j 定为 COUNT 类型，可以使人更一目了然地知道它们是用于计数的。

2.4　赋值语句

在程序中常需要对一些变量预先设置初值。C 语言允许在定义变量的同时使变量初始化。

例如：

```
 int   a=10;                /*指定 a 为整型变量，初值为 10 */
 float  f=3.1415;           /*指定 f 为实型变量，初值为 3.1415 */
 char  c='a';               /*指定 c 为字符变量，初值为'a' */
```

也可以给被定义的变量的一部分赋初值。例如：

　　int　a，b，c=30；

表示指定 a、b、c 为整型变量，只对 c 初始化，c 的值为 30。

如果对几个变量赋予初值 10，则写成：

　　int　a=10，b=10，c=10；

表示 a、b、c 的初值都是 10。**注意：不能写成"int　a=b=c=10；"。**

初始化不是在编译阶段完成的，而是在程序运行时执行本函数时赋予初值的，相当于有一个赋值语句。例如：

　　int　a=10；

相当于：

int a；	/*指定 a 为整型变量*/
a=10；	/*赋值语句，将 10 赋给 a */

又如

int a，b，c=10；

相当于：

int a，b，c；	/*指定 a、b、c 为整型变量*/
c=30；	/*将 30 赋给 c */

2.5 运算符和表达式

2.5.1 运算符

运算符是一种向编译程序说明一个特定的数学或逻辑运算的符号。在 C 语言中，按功能分主要有：算术运算符、关系运算符、逻辑运算符、位运算符、赋值运算符、指针运算符、条件运算符、逗号运算符、强制转换运算符等和其他特殊的运算符。按其所在表达式中参与运算的操作数目来分，则分为：单目运算符、双目运算符和三目运算符。

单目操作是指对一个操作数（或称运算量）进行操作。例如：–a 是对 a 进行单目负操作。双目操作是指对两个操作数进行操作，例如：a+b 是对 a 和 b 进行加法操作。

1．算术运算符 用于各类数值运算。包括加（+）、减（–）、乘（*）、除（/）、求余（或称模运算，%）、自加（++）、自减（––）共 7 种。

2．关系运算符 用于比较运算。包括大于（>）、小于（<）、等于（= =）、大于等于（>=）、小于等于（<=）和不等于（!=）6 种。

3．逻辑运算符 用于逻辑运算。包括与（&&）、或（‖）、非（!）3 种。

4．位操作运算符 参与运算的量，按二进制位进行运算。包括位与（&）、位或（|）、位非（～）、位异或（^）、左移（<<）、右移（>>）6 种。

5．赋值运算符 用于赋值运算，分为简单赋值（=）、复合算术赋值（+=，–=，*=，/=，%=）和复合位运算赋值（&=，|=，^=，>>=，<<=）三类共 11 种。

6．条件运算符 这是一个三目运算符，用于条件求值（? :）。

7．逗号运算符 用于把若干表达式组合成一个表达式（,）。

8．指针运算符 用于取内容（*）和取地址（&）2 种运算。

9．求字节数运算符 用于计算数据类型所占的字节数（sizeof）。

10．特殊运算符 有括号（），下标[]，成员（→，.）等几种。

2.5.2 表达式

1．表达式的概念 用运算符和括号将运算对象（常量、变量和函数等）连接起来的、符合 C 语言语法规则的式子，称为表达式。单个常量、变量或函数，可以看作是表达式的一种特例。将单个常量、变量或函数构成的表达式称为简单表达式，其他表达式称之为复杂表达式。

按照运算符在表达式中的作用，C 的表达式可分为：

算术表达式	例如：	a + b	−c
自增、自减表达式	例如：	i++	− −i
关系表达式	例如：	(a + b) >	（a − b)
逻辑表达式	例如：	! a	a && b
位运算表达式	例如：	a & b	a << 3
赋值表达式	例如：	a = 3	a *= 2
逗号表达式	例如：	(a + b , a − b)	

按运算符与运算对象的关系，则可以分成：

单目表达式	例如：	++a	−a	!a
双目运算符	例如：	a + b	a && b	
三目运算符	例如：	max = (a>b) ? a : b		

在表达式中，一般在双目运算符的左右两侧各加一个空格，可增强程序的可读性。

2．运算符的优先级与结合性

（1）C 语言规定了运算符的优先级和结合性。正如四则运算有先乘除后加减的运算优先级规定一样，C 语言中运算符的优先级也有规定。由于 C 语言的运算符较多，优先级的规定也较复杂，本书将在各章节中陆续介绍，初学者应注意掌握。在表达式中，优先级较高的先于优先级较低的进行运算。而在一个运算量两侧的运算符优先级相同时，则按运算符的结合性所规定的结合方向处理。

所谓结合性是指，当一个操作数两侧的运算符具有相同的优先级时，该操作数是先与左边的运算符结合，还是先与右边的运算符结合。自左至右的结合方向，称为左结合性；反之，称为右结合性。结合性是 C 语言的独有概念。除单目运算符、赋值运算符和条件运算符是右结合性外，其他运算符都是左结合性。

（2）表达式求值

① 按运算符的优先级高低次序执行。如先乘除后加减。

② 如果在一个操作数两侧的运算符的优先级相同，则按 C 语言规定的结合方向（结合性）进行。

例如，算术运算符的结合方向是"自左至右"，即：在执行"a − b + c"时，先执行"a − b"，然后再执行加 c 的运算。

2.5.3　算术运算

对数据进行算术运算的运算符称为算术运算符。C 语言中基本算术运算符有如下几种：

1．双目运算符

（1）+　进行加法运算的加法运算符，如 a + b、3 + 5 等。

（2）−　进行减法运算的减法运算符，如 a − b、4 − 6 等。

（3）*　乘法运算符，如 a * b、3 * 6 等。

（4）/　除法运算符，如：a/b、5/3 等。它与一般算术运算符规则有所不同，整数相除，其商仅取整数部分，如 5/3=1；若两实数相除，则商也为实数，如 5.0/10.0=0.5。

（5）%　求余数运算符，即该符号两边数相除后，取余数，如 5%3=2。取余运算时，两端必须是整数（即 int 或 char 型数据）。

2．自加（++）、自减（--）运算　++或--称为自加或自减运算符，它们为单目运算符。自加自减运算符常用于循环语句中循环变量的计数。在赋值语句中，该运算符放在一整型变量前或后，操作方式不同，结果也不同。设 i 为一个整型变量，++i 或--i 表示在使用 i 之前，先使 i 的值加 1 或减 1。而 i++或 i--表示先使用 i，再使 i 的值加 1 或减 1。例如"i=3;j=++i;"，此时 j=4，i=4。又如"i=3；j=i++;"，此时 j=3，i=4。自加自减运算符对变量单独作用时，放在变量前与变量后效果相同，例如：

```
int   y，i=10；
i++；
y=i；
```

与

```
int   y，i=10；
++i；
y=i；
```

结果 y 均为 11，i 也都为 11。

自加与自减运算符的运算对象只能是变量，不能是常量或表达式，如++6，（x+a)++都是错误的。

3．正负号运算符　当+号或-号放在一操作数前时，它们就成为单目的正负号运算符，其操作是取原来量的原值或负值。

如-a(相当于 a=0-a)，a+(+b)相当于 a=a+b。

4．算术运算优先级别　在一个算术表达式中，从我们目前学过的运算符中，其优先排序如下：

（1）（），[ ]优先级最高，执行时从左到右；

（2）++，--，执行时从右到左，它们为同级；

（3）*，/，%，执行时从左到右，它们为同级；

（4）+，-，执行时从左到右，它们为同级；

（5）=优先级最低。

例如：

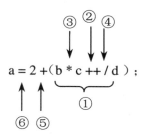

其中，运算符的计算顺序由所标识的序号表示。

2.5.4　赋值运算

赋值运算符"="表示将其右边的数据赋值给左边的变量；如 a=5 即将 5 赋值给变量 a。当要赋的数据类型不同于赋值号左边的变量类型时，将自动转换，变成与其左边变量一致的类型，然后再赋值。例如：

```
int    a;
float  b;
a=3.5;              /*实际上 a 取值 3*/
b =4;               /*实际上 b 取值 4.0*/
```

C 程序中允许多重赋值，例如：

a=b=c=5;   实际上等效于 a=5;b=5;c=5;

在赋值号"="前再加上其他运算符，就成为复合运算符。例如：+= , -= , *=, /=, %=, … "="前还可以是逻辑运算符、关系运算符等。

例如：x +=3   /*等价于 x=x+3 */

y *= x+ 6/*等价于 y=y*(x+6)，而不是 y=y*x+6 */

由赋值运算符或复合赋值运算符，将一个变量和一个表达式连接起来的表达式，称为赋值表达式。

（1）一般格式：变量（复合）赋值运算符 表达式。例如 x+=3、y*=x+6。

（2）赋值表达式的值。任何一个表达式都有一个值，赋值表达式也不例外。被赋值变量的值，就是赋值表达式的值。例如："a = 5"这个赋值表达式，变量 a 的值"5"就是它的值。

2.5.5 关系运算

C 语言有 6 个关系运算符，即>、>=、<、<= 、= =、! =。用这些运算符所构成的表达式，称为关系表达式。当这种关系成立时，关系表达式的值为 1；当这种关系不成立时，其值为 0。

[例 2-3]   关系表达式的值。

[解]

```
main( )
{
  printf ("%d  %d  %d\n", 3<4，4<3，3<3);
}
```

程序运行结果：

1   0   0

2.5.6 逻辑运算

逻辑运算表示两个运算量之间的逻辑关系。逻辑运算的表达式称做逻辑表达式。各种逻辑运算所得到的值如表 2-3 所示。

表 2-3 逻辑运算的真值表

a	b	!a	! b	a&&b	a‖b
非0	非0	0	0	1	1
非0	0	0	1	0	1
0	非0	1	0	0	1
0	0	1	1	0	0

说明：

（1）运算优先级。这三个运算符中，! 优先级最高，&&次之，||最低。! 是单目运算符，&&和||是双目运算符。

它们与其他运算符的优先级次序如下（左边最高，右边最低）：

! →算术运算符→关系运算符→&&→||→赋值运算符。

例如：

int a=5，b=10，c=7；

!a&&b||c>b&&c；

运算次序：!a，值为 0→!a&&b，值为 0→b&&c，值为 1→!a&&b||c，值为 1→!a&&b||c>b&&c，值为 0。

（2）表达式的结果一旦得知，运算马上停止。

例如：

int a=5，b=10，c=7；

!a&&b&&c；

!a 的值为 0，后面都是逻辑与运算，0 参与逻辑与运算结果都为 0，表达式的值为 0，因此不用计算后面的逻辑与运算，运算停止。

2.5.7　其他运算

1. 逗号运算(,)及其表达式　C 语言提供一种用逗号运算符"，"连接起来的式子，称为逗号表达式。逗号运算符又称顺序求值运算符。其表达式：表达式 1，表达式 2，……，表达式 n。该表达式叫逗号表达式，其运算过程是：自左至右，依次计算各表达式的值，"表达式 n"的值即为整个逗号表达式的值。

例如：逗号表达式"a = 3 * 5, a * 4"的值等于 60：先求解 a = 3 * 5，得 a=15；再求 a * 4 = 60，所以逗号表达式的值=60。

又例如：逗号表达式"(a = 3 * 5, a * 4), a + 5"的值等于 20：先求解 a=3 * 5，得 a=15；再求 a * 4=60；最后求解 a+ 5=20，所以逗号表达式的值等于 20。

注意：并不是任何地方出现的逗号都是逗号运算符。很多情况下，逗号仅用作分隔符。

[例 2-4]　逗号表达式的值。

程序如下：

```
main( )
{
    int   z1，z2，y，x=5；
    z1= (y=3，x*y )；
    printf ("z1 = % d \ t   x*y = % d", z1，x*y)；
    printf ("\ n")；
    z2 = y = 3，x*y；
    printf ("z2 = % d \ t   (z2 = y = 3，x * y)= % d", z2，(z2 = y = 3，x * y ) )；
    printf (" \ n")；
}
```

程序运行结果：

z1=15   x * y = 15
z2=3   (z2 = y = 3，x * y)= 15

2．字节数运算   运算符 sizeof 是单目运算符。把它放在操作数的前面，就是求该操作数的字节数。sizeof 的操作数可以是变量、类型名，也可以是数组、结构之类的类型名。

若把 sizeof 放到变量名前，就是求该变量的字节数；若把 sizeof 放在带括号的类型名前，则产生该类型的长度（以字节为单位）。

[例 2-5]   字节数运算。

程序如下：

```
main( )
{
    int    x=5；
    float    y=6.0；
    printf ("% d , % d, %d \ n", sizeof   x, sizeof   y, sizeof (double))；
}
```

程序运行结果：

2，4，8

执行结果说明，int、float 和 double 三种类型数据所占用的字节数分别是 2（16 位）、4（32 位）和 8（64 位）。

3．强制类型转换运算符   可以利用强制类型转换运算符将一个表达式转换成所需类型。其一般形式为：

（类型名）（表达式）

例如：

（int）(x+y)   （将 x+y 转换成 int 类型）

（float）(5%3)   （将 5%3 的值转换成 float 类型）

注意：表达式应该用括号括起来。如果写成：

（int）x+y

将只将 x 转换成 int 型，然后与 y 相加。

2.5.8 混合运算

整型（int）、单精度实型（float）、双精度实型（double）可以相互混合运算。由于字符型数据，其值为代表该字符 ASCII 码，因而它也可和上述类型数据进行混合运算。

不同类型数据进行运算时，要先转换成同一类型，然后进行运算。在 C 程序中，有些类型转换是自动进行的，有些转换是被强制进行的，前者称为隐式转换，后者称为显示转换（强制类型转换）。

隐式转换分 3 种，即算术转换、赋值转换和输出转换。

1．算术转换   进行算术运算（加、减、乘、除、取余以及符号运算）时，不同类型数据必须转换成同一类型的数据才能运算，算术转换原则为：在进行运算时，以表达式中最长类型为主，将其他类型数据均转换成该类型，例如：

（1）若运算数中有 double 型或 float 型，则其他类型转换均转换成 double 类型进行运算。

（2）若运算数中最长的类型为 long 型，则其他类型数均转换成 long 型数。

（3）若运算数中最长的类型为 int 型，则 char 型也转换成 int 型进行运算。算术转换是在运算过程中自动完成的。

2．赋值转换　进行赋值操作时，赋值运算符右边的数据类型必须转换成赋值号左边的类型，若右边的数据类型的长度大于左边，则要进行截断或舍入操作。

下面用一实例说明：

```
char    ch;
int    i, result;
float    f;
double    d;
result = ch / i + ( f * d − i );
```

（1）首先计算 ch / i，ch 转换为 int 型。

（2）接着计算 f * d − i，由于最长型为 double 型，故 f 转换为 double 型，i 转换为 double 型，f * d − i 转换为 double 型。

（3）最后计算 ch / i + (f * d − i)，先将 ch / i 转换为 double 型，再与后面的表达式的值相加，因为相加的结果将赋给整型变量 result，所以将进行赋值转换为整型。

3．输出转换　在程序中将数据用 printf 函数以指定格式输出时，当要输出的数据类型与输出格式不符时，便自动进行类型转换，例如，一个 long 型数据用整型格式（%d）输出时，则相当于将 long 型转换成整型（int）数据输出；一个字符型（char）数据用整型格式输出时，相当将 char 型转换成 int 型输出。

注意：较长型数据转换成短型数据输出时，其值不能超出短型数据允许的值的范围，否则转换时将出错。例如：

```
long    a=80000;
printf ( "%d",a);
```

运行结果为 14464，因 int 型允许最大值为 32767，80000 超出此值，故结果取以 32768 为模的余数，即进行如下取余运算：

（80000−32768）−32768=14464

输出的数据类型与输出格式不符时常常发生错误，例如：

```
int    d=9;
printf ("%f",d);
```

或

```
float    c=3.2;
printf ("%d",c);
```

将产生错误的结果。

2.6　数据输出

C 语言本身没有提供输入、输出语句。它的输入、输出都是由函数来实现的。C 的标准函数库中提供了一些输入、输出函数。其中每个函数的原型及有关的变量、类型等信息是由编译程序提供的"头文件"定义的。函数原型不但描述了对一个函数的说明，而且在编译过程中还提供了对函数进行严格类型检查的手段。输入、输出函数的原型（宏定义）均在头文件 stdio.h 及 conio.h 中。用户使用这些函数时，在文件首部应有文件包含命令#include<stdio.h>或#include<conio.h>。

2.6.1　格式输出函数

格式输出函数 printf( )的原型在头文件 stdio.h 中。printf ( )按指定的输出格式在屏幕上输出若干项表达式。其调用格式如下：

printf ("输出格式"，表达式表);

其中的"表达式表"形如：

表达式 1，表达式 2，……，表达式 n

即为用逗号分隔的若干表达式。每个表达式中的变量都有确定值。常量和变量是表达式的特例。因此，表达式表中的每个表达式也可以是常量或变量。

其中的"输出格式"通常含有两类字符：普通字符和格式说明。这两者都可以缺省，但同时缺省则无意义。普通字符将原样输出。格式说明的一般形式为：

%<附加成分>格式字符

例如，下列是 5 个合法的格式说明

%5d　　　%–6u　　　%1x　　　%c　　　%*f

其中，d、u、x、c、f 都是格式字符，5、–6、1、*为附加成分。输出格式中所含格式说明的项数与表达式表中的项数相同，两者一一对应。每个格式说明给出了后面相应表达式的输出格式和类型。

以下介绍 printf ( )函数使用中需要注意的几个问题。

1．整型数据格式说明

（1）整型数据格式说明中格式字符有下述字母：

d　　u　　x　　o

它们分别表示所输出的数据为十进制整型、无符号整型、十六进制整型和八进制整型。例如：

a=12;

printf ("%d　%d"，a，12);

程序运行结果：

12　　12

又如：

printf ("%u　　　%u"，1，–2);

输出结果为：

1　　　65534

（2）整型数据格式说明中的附加成分有：

l　　　m（正整数）　　　　　–（减号）

它们可以出现在格式说明中的%与格式字符之间。其意义为：

l：表示所输出数据为长整型；

m：指定所输出数据的最小宽度；

－：表示所输出数据在输出域中左对齐（缺省时为右对齐）。

例如：

%ld：按十进制长整型输出一个整数；

%4d（m 取为 4）：所输出的十进制整型数据占 4 位，右对齐；

%–4d（m 取为 4）：所输出的十进制整型数据占 4 位，左对齐；

%4ld（m 取为 4）：按十进制长整型输出一个整型数据，占 4 位，右对齐；

%–5ld（m 取为 5）：按十进制长整型输出一个整型数据，占 5 位，左对齐。

同样，% 与 u 之间，% 与 o 之间，% 与 x 之间，都可以加入某些附加成分构成格式说明，来规定所输出数据的类型和格式。

2. 字符型数据的格式说明 字符型数据格式说明中的格式字符有 c 和 s。

字符型数据格式说明中的附加成分有：

m（正整数）、m.n（m 和 n 均为正整数）、－（减号）。

它们与整型数据格式说明中的附加成分有类似意义。具体地说，字符型数据有下面的格式说明：

（1）%c：输出一个字符，例如：

printf ("\n %c:%d",'a','a');

程序运行结果：

 a: 97

其中有两项格式说明，%c 输出字符 a 本身，而%d 则作为一个整型数输出 a 的 ASCII 码值。

（2）%s：输出一个字符串。

（3）%ms：指定字符串的输出宽度，右对齐。当串长小于 m 时补充空格，当串长大于 m 时输出整个串。

（4）%–ms：指定字符串的输出宽度，左对齐。当串长小于 m 时补充空格，当串长大于 m 时输出整个串。

（5）%m.n：输出串中左端 n 个字符，占 m 位，右对齐。

（6）%–m.ns：输出串中左端 n 个字符，占 m 位，左对齐。

[例 2-6] 字符型数据的格式输出。

程序如下：

```
#include <stdio.h>
main( )
  {
    printf ("\n%c，%2c，% –2c，", 'a', 'a', 'a');
    printf ("\n%s，%7.2s，%4s，% –5.3s",
        "China", "China", "China", "China");
  }
```

程序运行结果：

        a， a，a ，

        China，   Ch，Chin，Chi

3．实型数据的格式说明　实型数据格式说明中的格式字符有 f 和 e：f 表示输出一个实型（float 和 double 型）数。e 表示按科学计数法（标准化指数形式）输出一个实型数（float 和 double 型）。

实型数据格式说明中的附加成分有：m.n 和−，规定输出宽度、小数和对齐方式。具体地说，实型数据格式有以下几种格式说明：

（1）%f：输出全部整数部分，小数占 6 位。

　　① %m.nf：输出共 m 位（包括小数点），n 位小数，右对齐。

　　② %−m.nf：输出共 m 位（包括小数点），n 位小数，左对齐。其中缺省 m 时，输出全部整数部分；当缺省 n 时，小数部分占 6 位。

（2）%e：按指数形输出一个实数。

　　① %m.ne：占 m 位，有 n 位小数（包括小数点）右对齐。

　　② %−m.ne：占 m 位，有 n 位小数（包括小数点），左对齐。

[例 2-7]　实型数据的格式化输出。

程序如下：

```
#include<stdio.h>
main( )
    {float    a=123.123456789，
     printf ("\n%f"，a);
     printf ("\n %e"，a);
     printf ("\n%.5f"，a);
    }
```

程序运行结果：

123.123459

1.231235e+02

123.12346

4．其他常见问题

（1）反斜杠（ \ ）是转义字符的标志。若作为普通字符输出一个反斜杠，则在输出格式中需要连写两个反斜杠。例如：

```
printf (" \nc: \\turboc\\tc ");
```

运行结果：

c:\turboc\tc

（2）百分号字符（%）是格式说明的标志。若作为普通字符输出一个百分号，则需在输出格式中连写两个百分号。例如：

```
printf ("\n10%%3=l");
```

运行结果：

10%3=1

（3）printf 函数中的第 1 项参数"输出格式"为双引号括起来的一行字符。如果为了构造某种格式而需要分成两行（或多行），则可以使用续行符（\）。例如：

```
printf ("\n    if (x<0) \n\
```

　　　　　　　　　　　f＝10；");

程序运行结果：

if（x<0）

f=10；

（4）printf 函数中的第 2 项参数（表达式表）可以缺省。这常常用来向用户给出某项信息或提示。例如：

printf ("\n Enter　a　character：");

（5）printf 函数中第 2 项参数（表达式表）中每个表达式的类型，一般说来应与相应的格式说明中规定的类型一致。

2.6.2　字符输出函数

字符输出 putchar( )函数的功能是把一字节的代码值所对应的字符输出到显示器上。它的常用形式如下：

　　putchar(c)

它把变量 c 的值作为代码值，把该代码对应的字符输出到显示器上。

例如：

```
#include <stdio.h>
main( )
{
    int   c；
    c=65；
    putchar(c)；
}
```

该程序的运行结果是显示字母 A ，因为 A 的 ASCII 十进制代码为 65。

2.7　数据输入

2.7.1　格式输入函数

格式输入 scanf()函数是按指定的输入格式从标准设备（键盘）输入若干数据到指定的变量。其调用形式形如：

scanf（"输入格式"，地址表）；

地址表形如：

地址 1，地址 2，……，地址 k

即用逗号分隔的若干地址项。每个地址项可以是一个变量的地址（如&a 为变量 a 的地址）。输入格式通常含有两类字符：普通字符和格式说明。普通字符要从键盘上原样键入。格式说明的一般形式为：

%<附加成分> 格式字符

格式说明的项数与后面地址表的项数相同，二者一一对应。每项格式说明规定了键盘输入数据的格式和类型。调用 scanf 函数时，将等待用户按格式说明的要求键入数据，系统将键入的数据赋给了相应的变量。

以下介绍 scanf( )函数使用中需要注意的几个问题。

1．整型数据的格式说明　整型数据格式说明中的格式字符有字母（大小写均可）：

d　　o　　u　　x

用它们可以构造十进制、八进制、十六进制整型数据的格式说明，即：

① %d：输入一个十进制整数，赋给一个 int 变量；

② %u：输入一个无符号十进制整数，赋给一个 insigned int 型变量；

③ %o：输入一个八进制整数，赋给一个 int 型变量；

④ %x：输入一个十六进制整数，赋给一个 int 型变量。

整型数据格式说明中还可以有附加字符：m（正整数）指定输入数据的宽度；l指定输入长整型数据。

2．字符型数据的格式说明

① %c：指定输入一个字符；

② %s：指定输入一个字符串。

3．实型数据的格式说明　实型数据格式说明中的格式字符有 e、f、g。例如：

① %f：指定输入一个浮点数到 float 变量中；

② %lf：指定输入一个浮点数到 double 变量中；

③ %e：指定输入一个浮点数（指数形式）到 float 变量中；

④ %le：指定输入一个浮点数（指数形式）到 double 变量中。

4．其他需要注意的几个问题

（1）整型、实型统称为数值型。用 scanf 函数输入数值型数据时，各项数据之间也可以用空格、回车换行间隔，最后按 Enter 键后才生效。例如对于输入语句：

scanf ("%d%d"，&a,&b);

可键入：

4　　　　5

即以空格间隔，最后回车换行有效。

（2）scanf 函数输入格式中的普通字符，在输入时要原样键入。例如执行语句：

scanf（"%d,%d"，&a,&b);

应键入：

4,5

其中的逗号是不能少的。

（3）数据输入是程序的一项重要操作，程序常因输入不正确而导致错误结果。用户应在自己程序的每个输入语句之前先输出一些信息，给出键盘操作的提示。在输入语句后立即将正确键入的结果输出（或用调试技术进行观察），以防止错误数据干扰程序的运行。例如：

printf("Enter a chararter：\n");

scanf("%c"，&ch);

printf("ch=%c",ch);

这样，在一个输入语句之前、后设置保障，可使用户随时了解情况，减少错误的发生。

[例 2-8]   已有代码段：

```
int i1，i2；
float f1，f2；
Char c1，c2；
scanf("1=%d i2=%d"，&i1，&i2);
scanf("f1=%f f2=%f"，&f1，&f2);
scanf("%c%c"，&c1，&c2);
```

为使 i1，i2，f1，f2,c1,c2 的值分别为：

   1   2   1.1   2.22   'A''a'

键盘应如何操作？

[解]

键盘应键入

 i1=1 i2=2 f1=1.1 f2=2.22 A a

[例 2-9]   设有变量定义：

```
int a，b，c；
float x，y，z；
unsigned  int u1，u2；
char c1,c2；
```

为了得到输出结果

```
a=1 b=2 c=3
x=1.100000   y=2.200000   z=-3.300000
u1=44444   u2=55555
c1=Aor 65(ASCII)
c2=Bor 66(ASCII)
```

应该怎样设计输入、输出语句？

[解]

```
scanf("%d%d%d"，&a，&b，&c);
printf("\na=%d   b=%d   c=%d"，a，b，c);
scanf("%f%f%f"，&x，&y，&z);
printf("\nx=%f y=%f z=%f"，x，y，z);
scanf("%u%u"，&u1，&u2);
printf("\nu1=%u   u2=%u"，u1，u2);
scanf("%c%c"，&c1，&c2);
printf("\nc1=%cor%d(ASCII)\n\
        c2=%cor%d(ASCII) "，c1，c1，c2，c2);
```

2.7.2 字符输入函数

字符输入函数 getchar( )的功能是从键盘读入一字节的代码值。例如：在键盘上按 A 键时，该函数将读取到代码值 65。在程序中一般用另一个变量接收读取的代码值，如下所示：

```
c=getchar( );
```

执行上面语句时，变量 c 就得到了读取的代码值。有一例外，当键盘上键入^Z 时，c 得到的并不是一个代码值，而是一个标志值－1。^Z 称为文件尾，在程序中经常使用符号常量 EOF 表示它。

[例 2-10]　getchar( )函数的功能。

程序如下：

```
#include<stdio.h>
main( )
{
    int   c;
    printf("Enter a character: ");
    c=getchar( );
    putchar(c);
}
```

该程序用 getchar( )函数接收键入的一个字符代码并赋予变量 c，然后用 printf( )函数显示该字符及其十六进制代码值。它的运行情况如下：

Enter a character:A（回车）

A

本 章 小 结

1．本章关于数据的主要内容有：整型、实型、字符型数据的表示、存储、取值范围、数值有效位及类型说明形式；常量与变量。

2．本章关于数据计算的主要内容有：运算符与操作数（运算量）、表达式及其表示、运算优先级及结合性；算术运算；关系运算；逻辑运算；赋值运算；复合运算；运算及赋值过程中的类型转换等。

已学习的各种运算符的优先次序如下：

最高　（）

　　　!　++　－－　－（取负值）　sizeof

　　　*　/　%

　　　+　－

　　　<　<=　>　>=

　　　==　!=

　　　&&

　　　||

最低　=　+=　－=　*=　/=

优先级相同时，除单目运算符按右结合性运算外，其他运算符按左结合性运算，即按由左至右的次序运算。

3. C 语言中没有提供输入输出语句,在其库函数中提供了一组输入输出函数。本章介绍的是对标准输入输出设备进行输入输出的函数:包括格式输出函数 printf( )、字符输出函数 putchar( )、格式输入函数 scanf( )、字符输入函数 getchar( )。适当地使用格式,能使输入整齐、规范,使输出结果清楚美观。

习 题 2

1. C 语言中,为什么程序的开始部分是程序中所用变量的定义部分,而后才能是程序的语句(操作部分),且不能将语句与变量定义混杂在一起?

2. 把下面的各个十进制数用八进制和十六进制表示:

(1) 10 　(2) 45 　(3) −617 　(4) −103 　(5) 2432 　(6) −2374

3. 在 C 语言中表示的下列各数,哪些是错误的?哪些是正确的?它们又是采用什么进制?

(1) 1235 　　(2) 023 　　　(3) −3.0 　　　(4) 0x263

(5) −35L 　　(6) 0x2aE3 　　(7) E−10 　　　(8) of3d

(9) 4.24E6 　(10) 056 　　　(11) 06f 　　　(12) 0x3.45

4. 下列变量名中哪些是正确的,哪些是错误的?

Name 　　　3Ba 　　　&3a 　　　next_day 　　　_mode 　　　*X

+ac 　　　　OK! 　　　For 　　　if 　　　char 　　　int 　　　π

5. 指出 int 型、char 型、unsigned 型、long int 型、float 型、double 型变量在内存中占用多少字节?

6. 在 C 语言中,变量名 total 与变量名 TOTAL、ToTaL、tOtAl 等是同一个变量吗?

7. 用字符形式输出一个大于 256 的数值,会得到什么结果?

8. 假设变量 num 的数据类型为 float,其值为 2.5,则执行 "num = (int)num" 后,num 的值等于多少?

9. 如果将 "y=++x;" 语句中的前置运算改为后置(y=x++;),"y=x−−;" 语句中的后置运算改为前置(y=−−x;),则程序运行结果会如何?

10. 求下面算术表达式的值:

(1) 设 x=2.5,a=7,y=4.7

　　求 x+%3×(int)(x+y)%2/4。

(2) 设 x=3.2,y=4.6,z=7

　　求 (float)(x+y)/2+(int)x%(int)y。

11. 设 x=4,y=9;分别求以下各式的值:

(1) z=x++ * −−y 　　(2) z=++x−y−− 　　(3) z=x−−+y−−

12. 用 scanf 函数输入数据,使 a=10,b=20,c1='B',c2='b',x=2.4,y=−5.73,z=76.8,请写出 scanf 函数语句。

上 机 题

一、目的和要求

1. 了解 C 语言的数据类型,掌握整型、字符型、实型变量定义的方法、赋值的方法。

2．掌握常用的输入、输出函数的使用方法，掌握各种格式说明符的功能并能熟练使用。

3．进一步熟悉 C 程序的编辑、编译和运行的过程。

二、练习题

1．写出下列程序的运行结果。

（1）main( )
```
{
    int i, j;
    int m, n;
    i=4; j=3;
    m=++i;
    n=j--;
    printf ("%d, %d, %d, %d", m, n, i, j);
}
```

（2）main( )
```
{
    char c1='a', c2='b', c3='c', c4='\101', c5='\116';
    printf ("a%c b%c\tc%c\tabc\n", c1, c2, c3);
    printf ("\t\b%c %c", c4, c5);
}
```

（3）main（ ）
```
{
    unsigned int a＝65535;
    int b＝－2;
    printf ("a=%d, %o, %x, %u\n", a, a, a, a);
    printf ("b=%d, %o, %x, %u\n", b, b, b, b);
}
```

（4）main（ ）
```
{
    char c＝'a';
    int i＝97;
    printf ("%c, %d\n", c, c);
    printf ("%c, %d\n", i, i);
}
```

2．写出运行以下程序时，在键盘上从第 1 列开始输入 9876543210✓（✓代表回车），则程序的输出结果。

```
main( )
{   int a;  float b, c;
    scanf ("%2d%3f%", &a, &b, &c);
```

```
printf ("\na=%, b=%f, c=%f\n", a, b, c);
}
```

3．编写程序，输出如下信息：

```
*****************************
            very    good!
*****************************
```

4．设 a=3，b=4，c=5，d=1.2，e=2.23，f=-43.56，编写程序，使程序输出为：

a=□□3,b=4□□□,c=**5

d=1.2

e=□□2.23

f=-43.5600□□**

5．使用 printf()函数编写显示下列图形：

```
            A
        B       B
    C               C
D                       D
```

6．编程序，用 getchar 函数读入两个字符给 c1、c2，然后分别用 putchar 函数和 printf 函数输出这两个字符。并回答以下问题：

（1）变量 c1、c2 应定义为字符型或整型？

（2）要求输出 c1 和 c2 值的 ASCII 码，应如何处理？用 putchar 函数还是用 printf 函数？

7．设 a 为 19，b 为 22，c 为 654，编写 a×b×c 的程序。

8．设 b 为 35.425，c 为 52.954，编写求 b×c。将值整数化后赋给 a1，再将 c 除以 b 得的余数赋给 a2 的程序。

第3章 控制语句

3.1 分支流程控制语句

3.1.1 if 语句的三种形式

if 语句是用来判定所给定的条件是否满足,根据判定的结果(真或假)决定执行给出的两种操作之一。

if 语句的一般形式为:

if(表达式)语句 1 else 语句 2

根据具体形式又可分为以下 3 种形式:

(1) if(表达式)语句

例如:if (x>y) printf("%d", x);

它的执行过程如图 3-1 所示。

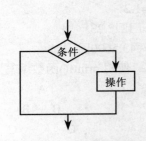

图3-1 if 语句流程图

(2) If(表达式)语句 1 else 语句 2

例如:if (x>y)　printf("%d", x);
　　　　　else　　printf("%d", y);

它的执行过程如图 3-2 所示。

(3) If　　(表达式 1)　　　　语句 1
　else if(表达式 2)　　　　语句 2
　　　　　　……
　else if(表达式 m)　　　　语句 m
　else 语句 n

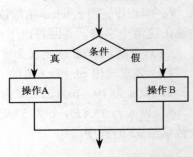

图3-2 if else 语句流程图

[例 3-1]　输入两个数,按代数值由小到大次序将这两个数重新排序。

程序如下:

```
main( )
{
    float a, b, t;
    scanf("%f, %f ", &a, &b);
    if (a>b)
    {t = a; a = b; b = t;}
    /*先将 a 原来的值保存在 t 中,然后将 b 原来的值赋给 a,再将 t 中保存的值赋给 b,
从而实现 a 与 b 的值互相交换*/
    printf("%5.2f, %5.2f", a, b);
}
```

3.1.2　if 语句与条件运算符

条件表达式运算符的一般格式为：

条件 ? 表达式 1 : 表达式 2

这是一个三目运算符，它控制三个操作数，第一个操作数是条件，条件通常是一个逻辑关系表达式，判断该条件是否成立，即是否为真。若为真，表达式 1 的值就是本条件表达式的运算结果；否则，表达式 2 的值就是本条件表达式的运算结果。

[例 3-2]　求两个数中的最大值。

程序如下：

```
main( )
{
    int a，b，c;
    scanf("%d%d"，&a，&b);
    if (a>b)
        c=a;
    else
        c=b;
    printf("The maxum is %d"，c);
}
```

可以改写成：

```
main( )
{
    int a，b，c;
    scanf("%d%d"，&a，&b);
    c=(a>b)?a：b;
    printf("The maxum is %d"，c);
}
```

[例 3-3]　输入一个数 x，打印出符号函数 sign(x)的值。符号函数为

$$sign(x)=\begin{cases} -1 & x<0 \\ 0 & x=0 \\ 1 & x>0 \end{cases}$$

程序如下：

```
main( )
{
    int number，sign;
    printf("please type in a number x=");
    scanf("%d"，&number);
    if (number<0)
        sign=-1;
```

```
        else    if (number==0)
                    sign=0;
              else    sign=1;
         printf("sign(x)=%d\n", sign);
    }
```

可以改写成：

```
    main( )
    {
        int number, sign;
        printf("please type in a number x=");
        scanf("%d", &number);
        sign=(x<0)?-1: ((x==0)?0: 1);
        printf("sign(x)=%d\n", sign);
    }
```

3.1.3 if 语句的嵌套

在 if 语句中又包含一个或多个 if 语句，称为 if 语句的嵌套。在 3.1.1 节中形式 3 即是 if 语句嵌套的特例。

（1）if 语句嵌套的一般形式

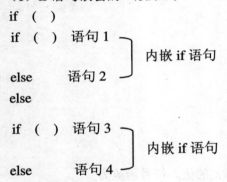

```
if  (   )
if  (   )  语句 1 ⎱
                  ⎰ 内嵌 if 语句
else        语句 2 ⎰
else
if  (   )  语句 3 ⎱
                  ⎰ 内嵌 if 语句
else        语句 4 ⎰
```

（2）if 与 else 的配对关系：从最内层开始，else 总是与它上面最近未曾配对的 if 配对。书写程序时，应注意将配对的 if 与 else 左对齐。假如有两段程序：

```
if  (x>0)                          if  (x>0)
    if  (y>0)                          if  (y>0)
        z=y;                               z=y;
else                               else
    z=x                                z=x
```

编程者写左边的程序时把 else 写在与第一个 if（外层 IF）同一列上，希望 else 与第一个 if 对应，但实际上 else 是与第二个 if 配对，因为编译器遵循最近原则，所以左边程序和右边程序结果一样。为达编程者的目的，可以加花括号来确定配对关系，把上例改为如下形式：

```
if  (x>0)
   {
            if (y>0)              /*  内嵌 if 语句*/
            z=y；
        }
    else
        z=x
```

这时{ }限定了内嵌 if 语句的范围，因此 else 与第一个 if 配对。

[例 3-4]　求 3 个数中的最大者。

程序如下：

```
main( )
{
   int a，b，c，d；
   scanf("%d%d%d"，&a，&b，&c)；
   if (a>b)
     if (a>c)  d=a；
     else d=c；
   else
     if (b>c) d=b；
     else d=c；
   printf("The maxum is %d"，d)；
}
```

3.1.4　switch 语句

虽然if()...else...语句可以实现多分支选择，但它很不灵活。在编程时也容易出错，甚至编程者在层次太多时，自己也混淆了。C 语言提供了实现多路选择的另一个语句，即 switch 语句，它是多分支选择语句。其流程图如图 3-3 所示。

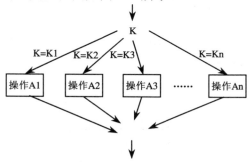

图3-3　switch 语句流程图

switch 语句的一般形式如下：

switch （表达式）

{ case 常量表达式 1：语句 1　break；

```
    case  常量表达式 2：语句 2   break;
             ⋮
    case  常量表达式 n：语句 n   break;
    default       ：语句 n+1
}
```

说明：

（1）每个 case 的常量表达式的值必须互不相同，但多个 case 可以共用一组语句。

（2）当表达式的值与某一个 case 后面的常量表达式相等时，就执行此 case 后面语句，若所有的 case 中的常量表达式的值都没有与表达式的值匹配时，就执行 default 后面的语句。

（3）break 语句的作用是在执行一个 case 分支后，使流程跳出 switch 结构，即终止 switch 语句的执行。**请注意**：若忘记给某一 case 子句加上 break 语句，则在这条 case 子句之后的 case 子句也将被执行，直到遇到 break 语句或 switch 语句结束。

[例 3-5]   用 switch case 和 break 语句编写一个程序，输入字符 A 或 a 时，显示 America；输入字符 B 或 b 时，显示 Britain；输入字符 C 或 c 时，显示 China；输入字符 D 或 d 时，显示 Denmark；输入其他字符时，显示 Canada。

程序如下：

```
main()
{ char ch;
  printf("Please input a character：");
  scanf("%c"，&ch);
  switch(ch){
  case 'a':
  case 'A': printf("America \n"); break;
  case 'b':
  case 'B': printf("Britain \n"); break;
  case 'c':
  case 'C': printf("China \n"); break;
  case 'd':
  case 'D': printf("Denmark \n"); break;
  default：printf("Canada \n");
  }
}
```

运行时输入字符 A 或 a 时，输出结果都为 America；输入字符 B 或 b 时，输出都为 Britain；输入字符 C 或 c 时，输出都为 China；输入字符 D 或 d 时，输出都为 Denmark；输入其他字符时，输出都为 Canada。由此例可以看出 break 语句的作用。

3.2 循环流程控制语句

在许多问题中需要用到循环控制。例如：要输入全校学生成绩；求若干个数之和；迭代求根等。几乎所有实用的程序都包含循环。

循环结构是结构化程序三种基本结构之一，它和顺序结构、选择结构共同作为各种复杂程序的基本构造单元。因此熟练掌握选择结构和循环结构的概念及使用是程序设计的最基本的要求。

在 C 语言中可以用以下语句来实现循环：

（1）用 goto 语句和 if 语句构成循环；

（2）用 while 语句，也称"当"型循环；

（3）用 do-while 语句，也称"直到"型循环；

（4）用 for 语句。

3.2.1 goto 语句

goto 语句为无条件转向语句，它的一般形式为：

goto 语句标号；

说明：

（1）语句标号用标识符表示，它的定名规则与变量名相同：即由字母、数字和下划线组成其第一个字符且必须为字母或下划线，不能用整数作标号。

例如："goto LABEL—1；"是合法的，而"goto 123；"是不合法的。

（2）goto 语句有两种用途

① 与 if 语句一起构成循环结构；

② 从循环体中跳转到循环体外，但在 C 语言中可以用 break 语句和 continue 语句（见 3.2.6 节）跳出本层循环和结束本次循环，goto 语句的使用机会已大大减少，只在需要从多层循环的内层循环跳到外层循环外时才用到 goto 语句。

（3）结构化程序设计方法主张限制使用 goto 语句，因为滥用 goto 语句将使程序流程无规律，可读性差。但也不是绝对禁止使用 goto 语句。

[例 3-6] 用 if 语句和 goto 语句构成循环，求 $1+2+\cdots+100$。

程序如下：

```
main()
{
 int I，sum=0；
 I=1；
 loop：if (I<=100)
       {sum=sum+I；
            I++；
            goto loop；}
       printf("%d"，sum)；
}
```

程序运行结果：

5050

这里用的是"当型"循环结构，也可以用 if 语句和 goto 语句构成"直到型"循环结构，请读者自己完成。

由于 goto 语句不符合结构化程序设计原则，尽量少用，以防降低程序的可读性。

3.2.2　while 语句

它用来实现"当型"循环结构。其一般形式如下：

　　　　while （表达式） 语句

当表达式为非 0 值时，执行 while 语句中的内嵌语句。其流程图见图 3-4。其特点是：先判断表达式，后执行语句。

[例 3-7]　用 while 语句求 $1 + 2 + \cdots + 100$。

程序如下：

```
main()
{ int i，sum=0;
  i=1;
  while(i<=100)
   { sum=sum+i;
     i++;
   }
  printf("%d"，sum);
}
```

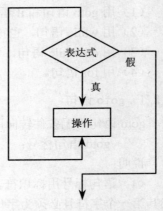

图3-4　while 语句流程图

需要注意：

（1）循环体如果包含一个以上的语句，应该用花括弧括起来，以复合语句形式出现。如果不加花括弧，则 while 语句范围只到其后面第一个分号处。例如：本例中 while 语句中如无花括弧，则 while 语句范围只到"sum=sum+I;"。

（2）在循环体中应有使循环趋向于结束的语句。例如：在本例中循环结束的条件是"i>100"，因此在循环体中应该有使 i 增值以最终导致 i>100 的语句，今用"i++;"语句来达到此目的。如果无此语句，则 i 的值始终不改变，循环永不结束。

3.2.3　do-while 语句

它用来实现"直到型"循环结构。其一般形式为：

　　　　do 语句

　　　　while （表达式）；

其特点是：先执行语句，后判断表达式。它是这样执行的：先执行一次指定的内嵌的语句，然后判别表达式。当表达式的值为非零（"真"）时，返回重新执行该语句，如此反复，直到表达式的值等于 0 为止，此时循环结束。流程图如图 3-5 所示。

[例 3-8]　用 do - while 语句求 100！。

程序如下：

```
main()
{int i; double p = 1;
 i=1;
 do
```

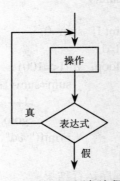

图3-5　do-while 语句流程图

```
    { p = p * i;
      i++;
    }
  while(i<=100);
  printf("%d", p);
}
```

可以看到：对同一个问题可以用 while 语句处理，也可以用 do-while 结构可以转换成 while 结构。

在一般情况下，用 while 语句和用 do-while 语句处理同一问题时，若二者的循环体部分是一样的，它们的结果也一样。但在 while 后面的表达式一开始就为假（0 值）时，两种循环的结果就不同了。以下程序是 while 和 do-while 循环的比较。

当输入 i≤10 时，二者得到结果相同；而当 i>10 时，二者结果就不同了。这是因为此时对 while 循环来说，一次也不执行循环体（表达式"i<=10"为假），而对 do-while 循环来说则要执行一次循环体。可以得到结论：当 while 后面的表达式的第一次的值为"真"时，两种循环得到的结果相同。否则，二者结果不相同（指二者具有相同的循环体的情况）。

3.2.4 for 语句

C 语言中的 for 语句使用最为灵活，不仅可以用于循环次数已经确定的情况，而且可以用于循环次数不确定而只给出循环结束条件的情况，它完全可以代替 while 语句。

一般形式为：

for（表达式 1；表达式 2；表达式 3） 语句

执行过程如图 3-6 所示。

最简单的应用形式：

for（循环变量赋初值；循环条件；循环变量增值）语句

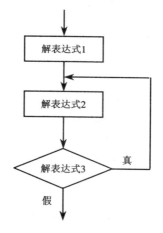

图3-6　for 语句流程图

例如：for(i=1；i<=100；i++) sum=sum+i;

说明：for 语句一般形式中，表达式 1 或表达式 2 或表达式 3 有时可以省略：

（1）如果省略表达式 1，此时应在 for 语句之前给循环变量赋初值。**注意：省略表达式 1 时，其后的分号不能省略**。例如：

i=1;

for(；i<=100；i++) sum=sum+i;

执行时，跳过"求解表达式 1"这一步，其他不动。

（2）如果省略表达式 2，即不判断循环条件，循环无终止地进行下去。也就是认为表达式 2 始终为真。例如：

for(i=1；；i++) sum=sum+i;

此时，为使循环有条件终止，可在循环体中加入条件判断和 break，跳出循环。例如：

for(i=1；；i++)

```
    { if(i>=100) break;
        sum=sum+i;
    }
```

（3）表达式 3 也可以省略，将其放到循环体的最后即可。例如：

```
for (i=0; i<=100; )
{sum=sum+i;
 i++; }
```

其实，三个表达式可以省略其中一个、二个或三个都省略，这是 C 语言比较灵活的表现，初学者应先掌握好最常用的应用形式。

[例 3-9]　编一个程序显示 Fibonacci 数列

$$1, 1, 2, 3, 5, 8, \cdots$$

的前 36 项。该数列的第 1、2 项为 1，从第 3 项开始，每项为前两项之和。

程序如下：

```
main()
{
    long a=1, b=1, fib;
    int i;
    printf("%15ld%15ld", a, b);          /*输出数据宽度为 15，长整型，右对齐*/
    for (i=3; i<=36; i++)
        {
        fib=a+b;
        printf("%15ld", fib);
        a=b; b=fib;
        if(i%4==0) printf("\n");       /*每行显示 4 个数据，然后换行显示*/
        }
}
```

[例 3-10]　求 $1+2+3+\cdots+10$ 和 $1^2+2^2+\cdots+10^2$ 的和。

程序如下：

```
main( )
{
    int sum=0, sqrsum=0, i;
    for(i=1; i<=10; i++)
        {sum+=i;     sqrsum+=i*i; }
    printf("1+2+3+…10=%d\n", sum);
    printf("1²+2²+…10²=%d\n", sqrsum);
}
```

程序运行结果：

```
1+2+3+…10=55
1²+2²+…10²=385
```

3.2.5 循环的嵌套

一个循环体内又包含另一完整的循环结构，称为循环的嵌套。内嵌的循环中还可以嵌套循环，这就是多层循环。三种循环（while 循环，do-while 循环和 for 循环）可互相嵌套。

[例 3-11] 利用循环的嵌套，显示九九乘法口诀。

```
1*1=1   1*2=2   1*3=3   1*4=4   1*5=5   1*6=6   1*7=7   1*8=8   1*9=9
        2*2=4   2*3=6   2*4=8   2*5=10  2*6=12  2*7=14  2*8=16  2*9=18
                3*3=9   3*4=12  3*5=15  3*6=18  3*7=21  3*8=24  3*9=27
                        4*4=16  4*5=20  4*6=24  4*7=28  4*8=32  4*9=36
                                5*5=25  5*6=30  5*7=35  5*8=40  5*9=45
                                        6*6=36  6*7=42  6*8=48  6*9=54
                                                7*7=49  7*8=56  7*9=63
                                                        8*8=64  8*9=72
                                                                9*9=81
```

编这个程序应注意：使显示的数据按要求对齐，可采用转义字符 "\t" 跳格，也可以适当取空格来实现。

程序如下：

```
main()
{
int i=1, j;
while(i<10)
 {
    for(j=1; j<i; j++)      printf("\t");
    for(j=i; j<10; j++)     printf("\t%2d*%2d=%2d", i, j, i*j);
    printf("\n");
    i++;
 }
}
```

3.2.6 break 语句和 continue 语句

1. break 语句　前面已经介绍过用 break 语句可以使流程跳出 switch 结构，继续执行 switch 语句下面的一个语句。实际上，break 语句还可以用来从循环体内跳出循环体，即提前结束循环，接着执行循环下面的语句。如计算 r=1 到 r=10 时的圆面积，直到面积 area 大于 100 为止：

```
for(r=1; r<10; r++)
 {area=pi*r*r;
  if(area>100) break;
  printf("%f", area);
 }
```

2. continue 语句　一般形式为 "continue;"，其作用为结束本次循环，即跳过循环体中下面尚未执行的语句，接着进行下一次是否执行循环的判定。

continue 语句和 break 语句的区别是：continue 语句只结束本次循环，而 break 是终止整个循环的执行。如果有以下两个循环结构：

（1）while（表达式 1）　　　　　　　　（2）while(表达式 1)

　　　　{::　　　　　　　　　　　　　　　{::

　　　　if(表达式 2)　continue；　　　　if(表达式 2)　break；

　　　　::}　　　　　　　　　　　　　　::}

程序（1）和程序（2）的流程图如图 3-7 和图 3-8 所示。请注意图 3-7 和图 3-8 中当"表达式 2"为真时流程的转向。

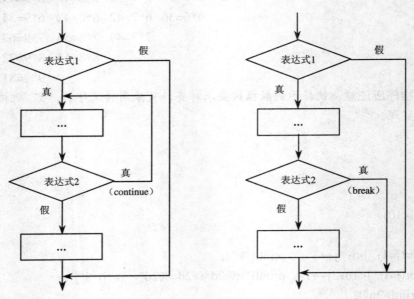

图3-7　continue 程序流程图　　　　　　　图3-8　break 程序流程图

[例 3-12]　把 100～200 之间不能被 3 整除的数输出。

程序如下：

```
main()
{int n；
 for(n=100；n<=200；n++)
   { if(n%3= =0)
    continue；
    printf("%d"，n)；
   }
 }
```

当 n 能被 3 整除时，执行 continue 语句，结束本次循环（即跳过 printf 函数语句），只有 n 不能被 3 整除时才执行 printf 函数。

当然循环体也可以改用一个语句处理：

if (n%3!=0) printf("%d", n);

我们在程序中用 continue 语句是为了说明 continue 语句的作用。

3.2.7 几种循环的比较

（1）4 种循环都可以用来处理同一问题，一般情况下它们可以互相代替。但一般不提倡用 goto 型循环。

（2）while 和 do-while 循环，只在 while 后面指定循环条件，在循环体中包含应反复执行的操作语句，包括使循环趋于结束的语句（如 i++，或 i=i+1 等）。

for 循环可以在表达式 3 中包含使循环趋于结束的操作，甚至可以将循环体中的操作全部放到表达式 3 中。因此 for 语句的功能更强，凡用 while 循环能完成的，用 for 循环都能实现。

（3）用 while 和 do-while 循环时，循环变量初始化的操作应在 while 和 do-while 语句之前完成。而 for 语句可以在表达式 1 中实现循环变量的初始化。

（4）while 和 for 循环是先判断表达式，后执行语句；而 do-while 循环是先执行语句，后判断表达式。

本 章 小 结

1. if 语句是选择结构采用的主要语句。if 后面的表达式，一般为逻辑表达式或关系表达式，也可以是任意的数值类型，包括整形、字符型、指针型数据。else 子句不能作为语句单独使用，它必须与 if 配对使用。if 和 else 语句的内嵌语句是多个语句时，必须用花括号"{ }"将几个语句括起来成为一个复合语句，但在{ }的后边不需再加分号。

2. switch case 语句主要用于多分支选择语句。每个 case 的常量表达式的值必须互不相同，但多个 case 可以共用一组语句。若忘了给某一 case 子句加上 break 语句，则在这条 case 子句之后的 case 子句也将被执行，直到遇到 break 语句或 switch 语句结束。

3. goto 语句是无条件转向语句，它可以和 if 语句联合构成"当型"循环，但滥用 goto 语句将使程序流程无规律，可读性差。所以结构化程序设计方法主张限制使用 goto 语句。

4. while 语句实现"当型"循环结构，do while 语句用来实现"直到型"循环结构。在一般情况下，用 while 语句和用 do-while 语句处理同一问题时，若二者的循环体部分是一样的，它们的结果也一样。但在 while 后面的表达式一开始就为假（0 值）时，两种循环的结果就不同了。

5. for 语句是个功能强大的语句。for 语句的三个表达式使用时相当灵活。可根据需要省略某一表达式，甚至三个表达式均可省略。表达式 2 无论是什么类型，只要它有确切的数值（非零或零）即可运行。

6. break 语句和 continue 语句的区别是：continue 语句只结束本次循环，而 break 是终止整个循环的执行。

习 题 3

一、选择题

1．以下不是无限循环的语句为（   ）。

    A．for (y=0，x=1；x>=++y;x++);   B．for (;；x++);

    C．while (1) { x++；}   D．for (i=10;；i--) sum+=i;

2．如果变量 grade 的值为 1，则运行下列程序段后输出结果为（   ）。

```
switch(grade)
{
  case 1:printf("a\n");
  case 2:printf("b\n");
  case 3:printf("c\n");
}
```

    A．a   B．abc   C．ab   D．a（换行)b（换行）c

3．若有以下定义：

    float x；int a，b；

则正确的 switch 语句是（   ）。

    A．switch(x)   B．switch(x)

      { case1.0：printf("*\n");   { case1，2：printf("*\n");

       case2.0：printf("**\n");   case3：printf("**\n");

         }   }

    C．switch (a+b)   D．switch (a+b);

      { case 1：printf("\n");   { case 1：printf(."*\n");

       case 1+2：printf("**\n");   case 2：printf("**\n")

4．下列程序运行结束后，n 的值为（   ）。

```
n=2;
do
{
  n=n+n;
  n--;
} while (n<20);
```

    A．21   B．22   C．33   D．24

5．以下程序中，while 循环的循环次数是（   ）。

```
main()
{
  int i=0;
```

```
   while(i<10)
   {
     if(i<1) continue;
     if(i==5) break;
     i++;
   }
   ......
   }
```

A. 1   B. 10   C. 6   D. 死循环，不能确定次数

6. 设 x 和 y 均为整型变量，则执行以下的循环后，y 值为（   ）。

```
   for(y=1，x=1；y<=50；y++)
   {
       if(x=10))  break;
       if (x%2==1)
       {
         x+=5;
         continue;
       }
       x-=3;
   }
```

A. 2   B. 4   C. 6   D. 8

二、填空题

以下程序为输出 100～200 间的所有素数及其个数，请在①、②、③处填上合适的词。

```
main( )
{
   int m，k，i，n=0
   for (m=101；m<=200；m++)
{
   ①
    for (i=2；i<=k；k++)
    if (  ②  ) break;
    if (  ③  )
    {
      printf("%d"，m)；n=n+1;
    }
}
   printf("%d"，n);
}
```

三、判断下列程序的输出

1. 假设输入的数据为：3 6 -2 9 10 11 8 12。

```
main()
{
    int count，sum，x;
    count=sum=0;
    do
    {
        scanf("%d"，&x);
        if (x%2!=0)  continue;
        count++;
        sum+=x;
    } while (count<5);
    printf("sum=%d"，sum);
}
```

则输出结果是（   ）。

    A．33   B．sum=33   C．34   D．sum=34

2. 以下程序的输出结果是（   ）。

```
main()
{
    int i，sum;
    i=1;
    for(sum=1; i<=5; i++，sum--)sum*=sum;
    printf("%d"，sum);
}
```

    A．1   B．0   C．120   D．sum=120

3. 以下程序的输出结果是（   ）。

```
main()
{
    int a=0，i;
    for( i = 1 ; i < 5 ; i ++)
    {
        switch(i)
        {
            case 0:
            case 3： a+=2;
            case 1:
            case 2： a+=3;
```

```
          default：a+=5；
        }
    }
      printf("%d\n"，a)；
    }
```
A．31   B．13   C．0   D．20

4．有以下程序：
```
main()
{
    int   i，k，a[10]，p[3]；
    k=5；
    for (i=0；i<10；i++) a[i]=i；
    for (i=0；i<4；i++) p[i]=a[i*(i+1)]；
    for (i=0；i<3；i++) k+=p[i]*2；
    printf("%d\n"，k)；
}
```
输出结果是（   ）。
A．20   B．21   C．22   D．23

上 机 题

一、选择结构程序设计

（一）目的与要求

1．了解 C 语句表示逻辑量的方法（以 0 代表"假"，以 1 代表"真"）。

2．学会正确使用逻辑运算符和逻辑表达式。

3．熟练掌握 if 语句和 switch 语句。

（二）上机练习

1 或 2，3 或 4，5 或 6。若时间有限，则可优先选 3 或 4 题，然后 5 或 6 题。

1．编写一个程序，输入两个数，若这两个数异号，则求其和，否则若第一个数大于第二个数则求其差。

2．输入 3 个数，按从小到大顺序输出。

3．输入 1 个整数，将其数值按小于 10，10～99，100～999，1000 以上分类并显示。例如：输入 354 显示"354 is a number between 100 and 999"。

4．有 1 个函数：   X   （X<1）

$$Y=\begin{cases} X & （X<1） \\ 2X-1 & （1\leqslant X\leqslant 10） \\ 3X-11 & （X\leqslant 10） \end{cases}$$

写 1 个程序，输入 X，输出 Y 值。

5. 学生成绩 90 分以上为 A，80～89 为 B，70～79 为 C，60～69 为 D，60 分以下为 E。编一个程序要求输入百分制成绩、输出成绩等级。

6. 企业发放的奖金根据利润提成。利润低于或等于 10 万元时，奖金可提 10%。利润高于 10 万元时，低于 10 万的部分按 10% 提成；高于 10 万、低于 20 万的部分按 7.5% 提成；高于 20 万、低于 30 万的部分按 5% 提成；高于 30 万、低于 40 万的部分按 3% 提成；高于 40 万、低于 50 万的部分按 1.5% 提成；高于 50 万、低于 60 万的部分按 1% 提成。从键盘输入当月利润，求应发奖金总数。
要求：（1）用 if 语句编程序；（2）用 switch 语句编程序。

二、循环结构程序设计

（一）目的与要求

熟练掌握 while、do-while 和 for 三种循环语句的应用。

（二）上机练习

1 或 2，3 或 4，5 或 6。若时间有限，则可优先选 1 或 2 题，然后是 3 或 4 题。

1. 求 1！+2！+…20！。

2. 求 $\displaystyle\sum_{k=1}^{100}k + \sum_{k=1}^{50}\frac{1}{k}$。

3. 有一数列：2/1，3/2，5/3，8/5，…求出这个数列的前 20 项之和。

4. 猴子吃桃问题。猴子第一天摘下若干个桃子，当即吃了一半，还不过瘾，又多吃了一个。第二天早上又将剩下的吃掉一半，又多吃了一个。以后每天早上都吃了前一天剩下的一半零一个。到第 10 天早上想再吃时，见只剩下一个桃子了。求第一天共摘多少桃子？

5. 打印出所有的水仙花数。所谓水仙花数是指一个三位数，其各位数字立方和等于该数本身。例如：$153=1^3+5^3+3^3$。

6. 打印出 1000 之内的所有完数。所谓完数，是指一个数恰好等于它的因子之和。例如：$6=1+2+3$。

第4章 数 组

实际处理的数据，常常是一批批的，而不止是一个。比如，11 个同学的年龄，它们都是整型数据，仍用前面的定义方法，可用下面语句说明：

int age0，age1，age2，age3，age4，age5，age6，age7，age8，age9，age10；

这里写了 11 个 age，比较麻烦。C 提供了数组的表示方法：

int age[11]；

这就简单多了。

所谓数组是具有相同数据类型的变量的集合，并拥有共同的名字。各元素可独立地作为一个变量被赋值和使用。数组中每个特定元素都用下标来访问。C 语言在编译时，对数组分配连续的存储单元，最低的地址对应第一个数组元素，最高的地址对应最后一个数组元素，它可以是一维的也可以是多维的。

4.1 一维数组

4.1.1 一维数组的定义

一维数组定义的一般形式为：

类型说明符　　数组名[常量表达式]；

例如：　　　int　a[10]；

它表示数组名为 a，有 10 个元素，每个元素都是整型，这 10 个元素是：

　　　　a[0]，a[1]，a[2]，a[3]，a[4]，a[5]，a[6]，a[7]，a[8]，a[9]

说明：

（1）数组名定义规则和变量名相同，遵循标识符定义规则。

（2）常量表达式要用方括号"[ ]"括起来，不能用圆括号（下面用法不对：int　a(0)；）。

（3）常量表达式表示元素的个数，即数组长度。

（4）常量表达式中包括常量和符号常量，不能包含变量。C 不允许对数组的大小作动态定义。例如，下面这样定义数组是不行的：

int n；

int a[n]；

　⋮

（5）数组元素的下标从 0 开始，到（常量表达式－1）为止。因此在如上定义的数组中无 a[10]元素。

4.1.2 一维数组元素的引用

数组和其他变量一样必须先定义，后使用。C 语言规定除字符数组外，只能逐个引用数组元素，而不能一次引用整个数组。

数组元素的引用方式为：

    数组名 [下标]

下标可以是整型常量或整型表达式，其取值范围满足：0≤下标值＜常量表达式的值。

[例 4-1] 按顺序给数组的 10 个元素赋值，然后按逆序输出。

程序如下：

```
main( )
{ int i, a[10];
   for (i=0; i<=9; i++)
      a[i]=I;                    /*顺序给数组元素赋值*/
   for (i=9; i<=0; i--)
      printf("%d", a[i]); /*逆序输出数组元素的值*/
}
```

程序运行结果：

9 8 7 6 5 4 3 2 1 0

4.1.3 一维数组的初始化

可以先定义数组，再给它的元素赋值，也可以在定义数组时给它赋值（称为数组的初始化）。

对数组元素的初始化可以用以下方法实现：

（1）在定义数组时对数组元素赋初值。例如：

int   a[10]={0, 1, 2, 3, 4, 5, 6, 7, 8, 9};

将数组元素的初值依次放在一对花括弧内。上面的数组 a 经过初始化后得：

a[0]=0，a[1]=1，a[2]=2，a[3]=3，a[4]=4，

a[5]=5，a[6]=6，a[7]=7，a[8]=8，a[9]=9。

（2）可以只给一部分元素赋值。例如：

int a[10]={0, 1, 2, 3, 4};

定义 a 数组有 10 个元素，但花括弧只提供 5 个初值，这表示只给前 5 个元素赋初值，此时后 5 个元素值自动赋值为 0。

（3）在对全部数组元素赋初值时，可以不指定数组长度。例如：

int a[5]={1, 2, 3, 4, 5}；可以写成   int a[ ]={1, 2, 3, 4, 5}；

在第 2 种写法中，花括弧中有五个数，系统就会据此自动定义数组 a 的长度为 5。

注意：

（1）数组初始化只能有一次，数组元素的值在程序运行当中可以改变。

（2）赋初值时，花括号中提供的数据个数不能大于数组长度，否则作语法错误处理。

[例 4-2] 用数组来处理求 Fibonacci 数列问题。

程序如下：

```
main( )
{ int   i, f[20]={1, 1};
  for(i=2; i<20; i++)
     f[i]=f[i-2]+f[i-1];
```

```
for(i=0；i<20；i++)
   { if(i%5= =0)  printf("\n"); /*每行输出 5 个数据*/
      printf("%8d"，f[i]);
   }
}
```

程序运行结果：

1	1	2	3	5
8	13	21	34	55
89	144	233	377	610
987	1597	2584	4181	6765

[**例 4-3**]　用冒泡法对 10 个数排序（由小到大）。

程序如下：

冒泡法的思路是：将相邻两个数比较，将小的调到前头。

算法如下：

若有 6 个数：9 8 5 4 2 0。第 1 次将 8 和 9 对调，第 2 次将第 2 和第 3 个数（9 和 5）对调，如此共进行 5 次，得到 8-5-4-2-0-9 的顺序，可以看到：最大的数 9 已 "沉底"，成为最下面的一个数，而小的数 "上升"。最小的数 0 已向上 "浮起" 一个位置。经第 1 趟（共 5 次比较）后，已得到最大的数 9。

然后进行第 2 趟比较，对前 5 个数按上法进行比较，经过 4 次比较，得到 5-4-2-0-8-9 的顺序；第 3 趟比较，对前 4 个数按上法进行比较，经过 3 次比较，得到 4-2-0-5-8-9 的顺序；依次第 4 趟得到 2-0-4-5-8-9 的顺序；第 5 趟得到 0-2-4-5-8-9 的顺序。6 个数共比较五趟，在第 1 趟中要进行两两比较 5 次，第 2 趟比 4 次……第 5 趟比 1 次。

如此进行下去可以推知，如果有 n 个数，则要进行 n-1 趟比较，在第 j 趟比较中要进行 n-j 次两两比较。据此画出流程图，如图 4-1 所示。

今设数组长度为 10。

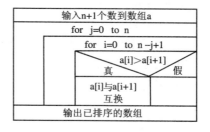

图4-1　冒泡法流程图

```
main( )
{ int   i，j，t；，a[10]={ 7，0，4，8，5，9，6，1，3，2};
 for(i=1；i<=9；i++)         /*外循环，比较 9 趟*/
     for(j=0；j<10-i；j++)      /*内循环，第 i 趟比较 10-i 次*/
        if(a[j]>a[j+1])  { t=a[j]；a[j]=a[j+1]；a[j+1]=t；}
 for(i=0；i<10；i++)
     printf("%d "，a[i]);
}
```

程序运行结果：

    0 1 2 3 4 5 6 7 8 9

4.2　二维数组

4.2.1　二维数组的定义

二维数组定义的一般形式为

　　　类型说明符　数组名[常量表达式 1][常量表达式 2]

例如：float a[3][4]；

定义 a 为 3×4（3 行 4 列）的数组。注意：不能写成 float a[3, 4]。

C 语言中，二维数组中元素排列的排序是：按行存放，即在内存中先顺序存放第 1 行的元素，再存放第 2 行的元素。上面定义的数组元素在内存中的存储顺序是：

　　　第 1 行：a[0][0]　a[0][1]　a[0][2]　a[0][3]
　　　第 2 行：a[1][0]　a[1][1]　a[1][2]　a[1][3]
　　　第 3 行：a[2][0]　a[2][1]　a[2][2]　a[2][3]

注意：C 语言中二维数组的行号、列号都是从 0 开始计数，与人们习惯的记法不同。如上述数组第 2 行第 3 列的元素为 a[1][2]，而不是 a[2][3]。

4.2.2　二维数组的引用

二维数组的元素的表示形式为：

　　　数组名[下标][下标]

　　　例如：a[2][3]

引用时注意：

（1）使用数组元素时，注意下标值应在已定义数组大小的范围内。

如数组 a[n][m]，数组元素由 a[0][0]到 a[n-1][m-1]共 n*m 个。

常出现的错误是：

int a[3][4]；

　　　⋮

a[3][4]=3；

a 定义为 3*4 的数组，它可用的行下标值最大为 2，列下标值最大为 3，用 a[3][4]超过了数组的范围。

（2）下标也可以是整型表达式，如 a[2-1][2*2-1]。

（3）数组元素可以出现在表达式中，也可以被赋值。

例如：b[1][2]=a[2][3]/2

4.2.3　二维数组的初始化

可以用下面方法对二维数组初始化。

（1）分行给二维数组赋初值。例如：

int a[3][4]={{1，2，3，4}，{5，6，7，8}，{9，10，11，12}}；

这种赋初值方法比较直观，将第 1 个花括弧内的数据赋给第 1 行的元素，将第 2 个花括弧内的数据赋给第 2 行的元素……，即按行赋初值。

（2）将所有数据写在一个花括弧内，按数组排列的顺序对各元素赋初值。例如：

int a[3][4]={1，2，3，4，5，6，7，8，9，10，11，12}；

效果与第 1 种方法相同，但如果数据多，写成一大片，容易遗漏，也不易检查。第 1 种方法一行对一行，界限清楚。

（3）可以对部分元素赋初值。

① 对各行中的某一元素赋初值：

例如：int a[3][4]={{1}，{5}，{9}}；

初始化后的数组元素如下：

```
1 0 0 0
5 0 0 0
9 0 0 0
```

再如：int a[3][4]={{1}，{0，6}，{0，0，11}}；

初始化后的数组元素如下：

```
1 0 0 0
0 6 0 0
0 0 11 0
```

这种方法对非 0 元素少时比较方便，不必将所有的 0 都写出来，只需输入少量数据。

② 对某几行元素赋初值：

int a[3][4]={{1}，{5，6}}；

数组元素为：

```
1 0 0 0
5 6 0 0
0 0 0 0
```

（4）第一维的长度可以不指定。

① 对全部元素赋初值时，定义时第一维的长度不指定，则第二维的长度不能省。例如：

int a[ ][4]={1，2，3，4，5，6，7，8，9，10，11，12}；

等价于：

int a[3][4]={1，2，3，4，5，6，7，8，9，10，11，12}；

系统会根据数据总个数分配存储空间，一共 12 个数据，每行 4 列，当然可确定为 3 行。

② 分行赋初值定义时，可以只对部分元素赋初值而省略第一维的长度。例如：

int a[ ][4]={{0，0，3}，{ }，{0，10}}；

从本节的介绍中可以看到：C 语言在定义数组和表示数组元素时采用 a[ ][ ]这种两个方括弧的方式，对数组初始化时十分有用，它使概念清楚、使用方便、不易出错。

[例 4-4] 编程将一个二维数组转置。

程序如下：

```
main( )
{   int a[2][3]={{1，2，3}，{4，5，6}};
```

```
      int b[3][2]，i，j;
      printf("array a: \n");
      for(i=0；i<=1；i++)
        { for(j=0；j<=2；j++)
            { printf("%5d"，a[i][j]); b[j][i]=a[i][j]；}
         printf("\n");
        }
      printf("array b: \n");
      for (i=0；i<=2；i++)
        { for(j=0；j<=1；j++) printf("%5d"，b[i][j]);
         printf("\n");
        }
    }
```

程序运行结果：

array a:

　1 2 3

　4 5 6

array b:

　1 4

　2 5

　3 6

[例 4-5]　有一个 3×4 的矩阵，编程序
求出其中值最小的那个元素的值及其所在
的行号和列号。

[解]

先用 N-S 流程图表示算法，如图 4-2
所示。

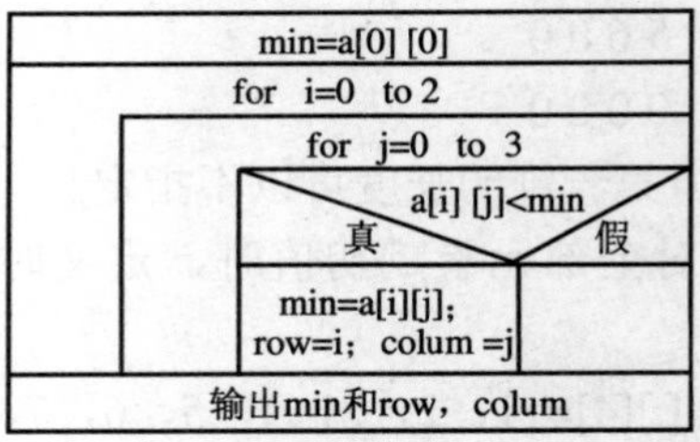

据此写出以下程序：

图4-2　N-S 流程图

```
main( )
{ int i，j，row=0，colum=0，min;
  int a[ ][4]={{1，2，3，4}，{9，8，7，6}，{-10，10，-5，2}}; /*第 4 种赋值方法*/
  min=a[0][0];
  for(i=0；i<=2；I++)
    for(j=0；j<=3；j++)
      if(a[i][j]<min) {min=a[i][j]; row=i; colum=j；}
  printf("min=%d, row=%d, colum=%d\n"，min，row，colum);
}
```

程序运行结果：

min = - 10,row = 2,colum = 0

4.3　字符数组

用来存放字符的数组是字符数组。字符数组中的一个元素存放一个字符。

4.3.1　字符数组的定义

字符数组的定义形式为：

char　数组名[常量表达式]；

例如：char c[10]；

由于在 C 语言中字符型和整型可以通用，所以上面的定义又可以写为：

int c[10]；

但一般用类型 char 定义。

4.3.2　字符数组的初始化

（1）可以在定义字符数组时初始化各元素。

例如：char c[10]={'I', ' ', 'a', 'm', ' ', 'h', 'a', 'p', 'p', 'y'}；

（2）如果花括弧中提供的初值个数>数组长度，则作语法错误处理；如果初值个数小于数组长度，则只将这些字符赋给数组中前面那些元素，其余的元素自动定为空字符（即'\0'）。

例如：char c[6]={'g', 'o', 'o', 'd' }；

此时　c[4]和 c[5]都为'\0'。

（3）如果初值个数与数组长度相同，在定义时可以省略数组长度，系统会自动根据初值个数确定数组长度。

例如：char c[ ]={'g', 'o', 'o', 'd'}；

数组 c 的长度自动定为 4。

（4）二维字符数组也可以初始化。

4.3.3　字符数组的引用

引用字符数组中的一个元素，可以得到一个字符。

[例 4-6]　输出一个字符串。

程序如下：

```
main( )
{ char c[10]={'I', ' ', 'a', 'm', ' ', 'a', ' ', 'b', 'o', 'y'};
   int i;
   for(i=0；i<10；i++)　printf("%c", c[i])；/*依次引用字符数组的元素 c[i]*/
   printf("\n")；
}
```

程序运行结果：

I am a boy

4.3.4　字符串和字符串结束标志

字符串的初始化：用字符串常量(见第 2 章 2.2.5 字符型数据)来初始化字符数组。例如：

char c[11]={"I am happy"}；　或　char c[ ]={"I am happy"}；

或

char c[11]="I am happy"；　或　char c[ ]="I am happy"；

注意：上述数组 c 包括 8 个字母、2 个空格，但它长度不是 10，而是 11。因为字符串常量的最后由系统加上一个 '\0'。因此字符串初始化时，可以省略字符数组的长度，由系统自动匹配；如果要标出字符数组的长度，则应大于双引号内的实际各种字符的个数。

字符数组与字符串的区别：字符数组并不要求它的最后一个字符为 '\0'，甚至可以不包含 '\0'，但字符串常量就会自动加一个 '\0'。

4.3.5　字符数组的输入输出

用"%c"（char）格式符可以逐个字符输入或输出，用的机会较少；在大多数情况下，我们采用整个字符串输入输出，用"%s"（string）格式符可以实现整个字符串的输入输出。

（1）字符数组的输出 ——printf（"%s"）函数

① 可用 printf 来输出字符，输出字符不包括结束符 '\0'。

② 用"%s"格式符输出字符串时，printf 函数中的输出项是字符数组名，而不是数组元素名。下面的写法是不对的：

printf ("%s"，c[0])；

③ 如果数组长度大于字符串实际长度，也只输出到 '\0' 结束。例如：

char c[10]={"China"}；

printf("%s"，c)；

也只输出 "china" 5 个字符，而不是输出 10 个字符。这就是字符串结束标志的好处。

④ 如果一个字符数组中包含一个以上 '\0'，则遇到第一个 '\0' 时输出就结束。

（2）字符数组的输入 ——scanf（"%s"）函数

① 输入一个字符串。

例如：定义　　char c[6]；

用 scanf 函数输入一个字符串：scanf("%s"，c)；

从键盘输入：China

系统自动在后面加一个 '\0' 结束符。

② 输入多个字符串：输入时以空格分隔。

例如：

char str1[6]，str2[8]，str3[8]；

scanf("%s%s%s"，str1，str2，str3)；

输入数据：

CHINA HOLLAND AMERICA

输入后 str1，str2，str3 数组状态为：

CHINA\0

HOLLAND \0

AMERICA \0

[例 4-7] 输入、输出一个字符串（与例 4-6 相比较）。

程序如下：

```
main( )
{ char c[10];
scanf("%s"，c);
        printf("%s"，c);
}
```

程序运行结果：

I am a boy

I am a boy

4.3.6 字符串处理函数

在 C 的函数库中提供了一些用来处理字符串的函数，使用方便。下面介绍几种常用的函数。字符串标准函数的原型在头文件 string.h 中。

1．输出字符串 ——puts()函数

（1）调用方式：puts（字符数组）

（2）函数功能：将一个字符串（以 '\0' 结束的字符序列）输出到终端，并用 '\n' 取代字符串的结束标志 '\0'。用 puts()函数输出字符串时，不要求另加换行符。

假如已定义 str 是一个字符数组名，该数组已被初始化为"China"，则执行：

puts(str);

结果是在终端上输出：China。

（3）使用说明

① 由于可以用 printf 函数输出多个字符串，而 puts 函数只能输出一个字符串，因此 puts 函数用得不多。

② 用 puts 函数输出的字符串中可以包含转义字符。例如：

char str[ ]={"China\nBeijing"};

puts(str);

输出：

China

Beijing

在输出时将字符串结束标志 '\0' 转换成 '\n'，即输出完字符串后换行。

2．输入字符串 ——gets()函数

（1）调用方式：gets（字符数组）。

（2）函数功能：从标准输入设备（stdin）键盘上，读取 1 个字符串（可以包含空格），并将其存储到字符数组中去。

（3）使用说明

① gets()读取的字符串，其长度没有限制，编程者要保证字符数组有足够大的空间，存放输入的字符串。

② 该函数输入的字符串中允许包含空格，而 scanf()函数不允许。

③ 从键盘输入一个字符串到字符数组，得到一个函数值，该函数值是字符数组的起始地址。

④ 用 puts 和 gets 函数只能输入或输出一个字符串，不能写成：

puts (str1, str2) 或 gets (str1, str2)

这是它们与 scanf 函数和 printf 函数的区别。

3．连接字符串 ——strcat()函数

（1）调用方式：strcat（字符串 1，字符串 2）。

（2）函数功能：连接两个字符数组中的字符串，把字符串 2 接到字符串 1 的后面，结果放在字符数组 1 中，函数调用后得到一个函数值—字符数组 1 的地址。

（3）使用说明

① 字符数组 1 必须足够大，以便容纳连接后的新字符串。下例中定义 str1 的长度为 30，是足够大的，如果在定义时改用：

char str1[]={"People's Rebuplic of"};

因长度不够，就会出问题。

② 连接前两个字符串的后面都有一个 '\0'，连接时将字符串 1 后面的 '\0' 取消，只在新串最后保留一个 '\0'。

例如：

char str1[30]={"People's Republic of "};

char str2[ ]={"China"};

printf("%s", strcat(str1，str2));

则输出：

People's Republic of China

4．复制字符串 ——strcpy()函数

（1）调用方式：strcpy（字符数组 1，字符串 2）

其中，"字符串" 可以是串常量，也可以是字符数组。

（2）函数功能：将 "字符串" 完整地复制到 "字符数组" 中，字符数组中原有内容被覆盖。

例如：

char str1[10]，str2[]={"China"};

strcpy(str1，str2);

执行后，str1 的状态为：C h i n a \0 \0 \0 \0 \0

（3）使用说明

① 字符数组 1 必须定义得足够大，以便容纳被复制的字符串。字符数组 1 的长度不应小于字符串 2 的长度。

② "字符数组 1" 必须写成数组名形式（如 str1），"字符串 2" 可以是字符数组名，也可以是一个字符串常量。如

strcpy(str1，"China")

作用与前相同。

③ 复制时连同字符串后面的 '\0' 一起复制到字符数组 1 中。

④ 不能用赋值语句将一个字符串常量或字符数组直接赋给一个字符数组。

如下面是不合法的：

str1={"China"}；

str1=str2；

用赋值语句只能将一个字符赋给一个字符型变量或字符数组元素。

如下面是合法的：

char a[5]，c1，c2；

c1='A'；c2='B'；

a[0]='C'；a[1]='h'；a[2]='i'；a[3]='n'；a[4]='a'；

⑤ 可以用 strcpy 函数将字符串 2 前面若干个字符复制到字符数组 1 中去。例如

strcpy(str1，str2，2)；

作用是将 str2 中前面 2 个字符复制到 str1 中去，然后再加一个 '\0'。

5．字符串比较函数 ——strcmp()

（1）调用方式：strcmp（字符串 1，字符串 2）

其中，"字符串"可以是串常量，也可以是一维字符数组。

（2）函数功能：比较两个字符串的大小。字符串比较的规则与其他语言中相同，即对两个字符串自左至右逐个字符相比（按 ASCII 码值大小比较），直到出现不同的字符或遇到 '\0' 为止。如全部字符相同，则认为相等；若出现不相同的字符，则以第一个不相同的字符的比较结果为准。比较的结果由函数值带回。

如果：字符串 1=字符串 2，函数返回值等于 0；

字符串 1<字符串 2，函数返回值负整数；

字符串 1>字符串 2，函数返回值正整数。

（3）使用说明

① 如果一个字符串是另一个字符串从头开始的子串，则母串为大。

② 不能使用关系运算符 "＝＝" 来比较两个字符串，只能用 strcmp()函数来处理。

例如：不能用　　if　(str1＝＝str2)　　　　printf("yes")；

而只能用　　　　if　(strcmp(str1，str2)＝＝0)　　printf("yes")；

字符串的比较函数可以用来设置用户程序密码。

[例 4-8] 核对密码。

程序如下：

```
main( )
{char str[10];
 gets(str);
 if(strcmp(str，"2005-1-1")＝＝0)  printf("yes!");  /*输入字符串 2005-1-1 时正确*/
 else exit( );  /*输入错误时退出程序，exit( )函数的作用是退出程序*/
}
```

6．求字符串长度 ——strlen()函数（len 是 length 的缩写）

（1）调用方式：strlen（字符串）。

（2）函数功能：求字符串(常量或字符数组)的实际长度，函数值为字符串中实际长度，

不包括 '\0' 在内。

例如：

char str[10]={"China"};

printf ("%d"，strlen(str));

输出结果不是 10，也不是 6，而是 5。

也可以直接测字符串常量的长度，例如：

strlen ("China")

7．将字符串中大写字母转换成小写字母 ——strlwr()函数（lwr 是 lowercase 的缩写）

（1）调用方式：strlwr（字符串）。

（2）函数功能：将字符串中的大写字母转换成小写，其他字符（包括小写字母和非字母字符）不转换。

8．将字符串中小写字母转换成大写字母 ——strupr()函数（upr 是 uppercase 的缩写）

（1）调用方式：strupr（字符串）。

（2）函数功能：将字符串中小写字母转换成大写，其他字符（包括大写字母和非字母字符）不转换。

[例 4-9]　输入一行英文单词，单词之间用空格隔开，统计其中有多少个单词。流程图如图 4-3 所示。

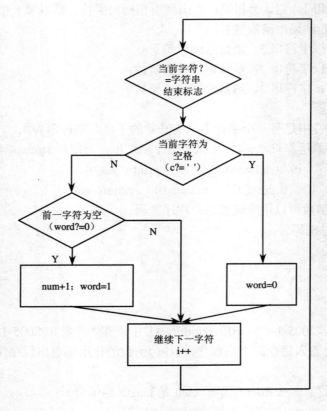

图4-3　流程图

程序如下：

```
main( )
  { char str [81];
   int i,num=0，word=0;
   char c;
   gets(str);
for (i=0；(c=str [i])!= ' \0'；i++)
```
/*从字符串的第一个字符开始，依次赋给 c，至字符串结束为止*/
```
if (c= =' ')　word=0;
```
/*当 c 为空格符时，word 赋值 0*/
```
else if (word= =0)
{ word=1；num++；}
```
/*当 c 为单词头一个字母时，word 赋值 1（原来为 0），num 加 1；当 c 为单词的后续字母时，因 word 的值是 1，不做任何操作，返回去继续循环*/
```
   printf("There are %d words in the line\n"，num);
}
```
程序运行结果：

I am a boy.

There are 4 words in the line

程序中变量 i 作为循环变量，num 用来统计单词个数，word 作为判别是否单词的标志，word=0 表示未出现单词，如出现单词 word 就置成 1。

本 章 小 结

1．数组是一个有序数据的集合。数组元素可以是基本数据类型，如数值型或字符型。数组元素的下标从 0 开始，到（常量表达式−1）为止。

2．一维数组有两种赋值方法，一是使用 scanf( ) 函数，二是在定义数组时初始化。数组的初始化有多种方式，可以对一部分元素赋初值，可以对全部元素赋初值，不赋初值时系统自动赋全 0。赋初值时需注意数组长度，可以不指定数组长度，若指定了则初值个数不能超过数组长度。

3．二维数组可以看成是一种特殊的一维数组，这个特殊的一维数组的元素又是一维数组。因此定义的二维数组可以理解为定义了几个一维的数组。C 语言的这种处理方法在数组初始化和用指针表示时显得很方便。二维数组初始化用花括号{}来分行，可以全部赋值，也可部分赋值；第一维的长度可以不指定，但第二维的长度必须指定。

4．用来存放字符的数组是字符数组。一般人们关心的是有效字符串的长度而不是字符数组的长度，为此，C 语言规定了一个字符串结束标志 ——‘\0’，它是一个"空操作符"，不能显示输出。它的作用就是在程序中依靠检测‘\0’来判定字符串是否结束。系统会对字符串常量自动加一个‘\0’作为结束符。用格式符"%c"可进行单个字符的输入输出，用格式符"%s"可进行字符串的输入输出。遇到第一个‘\0’字符串的输入输出就结束。字符串的处理函数有许多，常用的有连接、复制、比较、测长度、大小写转换等。

习　题　4

一、选择题

1. 若有以下语句，则下面（　　）是正确的描述。

```
char x[]="12345";
char y[]={'1', '2', '3', '4', '5'};
```

　A．x，y 完全相同　　　　　　　　　　B．x，y 不相同
　C．x 数组长度小于 y 数组长度　　　　D．x，y 字符串长度相等

2. 若有定义：int x，y；char a，b，c；并有以下输入数据（此处＜CR＞代表换行符，/u 代表空格）：

```
1/u2<CR>
Ab/u<CR>
```

则能给 x 赋整数 1，给 y 赋整数 2，给 a 赋字符 A，给 b 赋字符 B，给 c 赋字符 C 的正确程序段是（　　）。

　A．scanf("x=%d+%d"，&x，&y)；a=getchar()；b=getchar()；c=getchar()；
　B．scanf("%d %d"，&x，&y)；a=getchar()；b=getchar()；c=getchar()；
　C．scanf("%d%d%c%c%c，&x，&y，&a，&b，&c)；
　D．scanf("%d%d%c%c%c%c%c%c:&x，&y，&a，&a，&b，&b，&c，&c)；

3. 为了判断两个字符串 s1 和 s2 是否相等，应当使用（　　）。

　A．if (s1= =s2)　　　　　　　　　　B．if (s1=s2)
　C．if (strcpy(s1，s2))　　　　　　　D．if (strcmp(s1，s2)= =0)

4. 函数调用：strcat(strcpy(str1，str2)，str3)的功能是（　　）。

　A．将串 str1 复制到串 str2 中后再连接到串 str3 之后
　B．将串 str1 连接到串 str2 之后再复制到串 str3 之后
　C．将串 str2 复制到串 str1 中后再将串 str3 连接到串 str1 之后
　D．将串 str2 连接到串 str1 之后再将串 str1 复制到串 str3 中

二、填空题

1. 程序为用冒泡法对 10 个数按升序排序，请在①、②、③、④处填上合适的词。

```
main()
{
int a[10]={2, 4, 1, 6, -1, 34, 56, 78, -23, 20};
int i, j, k;
for (j=0; j<①; j++)
for (i=0; ②; i++)
if ( ③ )
{ k=a[i];
  ④ ;
  a[i+1]=k;
```

```
    }
}
```

2．程序为按逆序输出一个字符串，请在①、②、③、④处填上合适的词。

```
#include <string.h>
main()
{
    char str[256]，c；
    int len.i；
    gets(str)；
    len=①；
    for (i=0； i<②； i++)
    {
    c=③；
    str[i]=str[len-i-1]；
    ④=c；
    }
    puts(str)；
}
```

3．以下程序用来对从键盘上输入的 2 个字符串进行比较，然后输出 2 个字符串中第 1 个不相同字符的 ASCII 码之差。例如：输入的 2 个字符串分别为 abcdef 和 abceef，则输出为 -1，请在①、②处填上合适的词。

```
#include
main()
{
    char str[100]，str2[100]，c；
    int i，s；
    printf("\n input string 1:\n")；
    gets(str1)；
    printf("\n input string 2:\n")；
    gets(str2)；
    i=0；
    while((strl[i]==str2[i] )&&(str1[i]!= ① ))
    i++；
    s= ② ；
    printf("%d\n"，s)；
}
```

三、判断下列程序的输出

1．以下程序的输出结果是（　　　）。

```
main()
{
int b[3][3]={0，1，2，0，1，2，0，1，2}，i，j，t=1;
for(i=0；i<3；i++)
    for(j=i；j<=i；j++)  t=t+b[i][b[j][j]];
printf("%d\n"，t);
}
```

A. 3   B. 4   C. 1   D. 9

2. 以下程序输出的结果是（   ）。

```
#include <stdio.h>
main()
{
    char w[][10]={"ABCD"，"EFGH"，"IJKL"，"MNOP"}，k;
    for (k=1；k<3；k++)
    printf("%s\n"，&w[k][k]);
}
```

A. ABCD   B. ABCD
    FGH   EFG
    KL   IJ
                      M

C. EFG   D. FGH
    JK   KL
    O

3. 以下程序的输出结果是（   ）。

```
main()
{
    int a[3][3]={1，2，3，4，5，6，7，8，9};
    int i，j，t;
    for (i=0；i<3；i++)
    for (j=0；j<3；j++)
    {
        t=a[i][j];
        a[i][j]=a[j][i];
        a[j][i]=t;
    }
    for (i=0；i<3；i++)
    {
        for(j=0；j<3；j++)  printf("%4d"，a[i][j]);
```

```
    printf("\n");
  }
}
```

	1 2 3		4 5 6		7 8 9		7 8 9
A.	4 5 6	B.	1 2 3	C.	4 5 6	D.	1 2 3
	7 8 9		7 8 9		1 2 3		4 5 6

上　机　题

一、一维数组

（一）目的与要求

1．掌握一维数组的定义、赋值和输入输出的方法。

2．掌握与数组有关的算法（如排序算法）。

（二）上机练习

如时间有限，则可优先选 1 或 2 题，然后 4 或 5 题。

1．编一个程序，计算当 x=0、1、2…11 时，y=2×（x+4）的值（注：用数组）。

2．先让程序自己生成一个整型数组 a，设其首元素 a[0]=2，其余的元素 a[i]=a[i-1]*2-1（i=1、2…9）共有 10 个元素，再按逆序输出其结果。

3．将一个数组中的值按逆序重新存放。

4．有 15 个数存放在一个数组中，输入一个数，要求找出该数是数组中第几个元素的值。如果该数不在数组中，则打印出"无此数"。

5．有一个已排好序的数组，今输入一个数，要求按原来排序的规律将它插入数组中。

二、二维数组

（一）目的与要求

1．掌握二维数组的定义、赋值和输入输出的方法。

2．掌握字符数组的使用。

（二）上机练习

1 或 2，3 或 4 或 5。若时间有限，则可优先选 1 或 2 题。

1．求 1 个 4×4 的二维数组的对角线元素之和（注：数组先行初始化）。

2．找出 1 个二维数组中的鞍点，即该位置上的元素在该行上最大，在该列上最小，也可能没有鞍点。

3．有 1 个二维数组，存放 10 个学生的学号和 1 门课的成绩：① 求学生的平均分；②找出最高分数所对应的学号和成绩；③ 求成绩的方差 $\sigma = \dfrac{1}{n}\sum\limits_{i=1}^{n}(x_i - \bar{x})^2$，其中 $\bar{x}$ 为平均分。

4．有 m 个学生，学习 n 门课程，已知所有学生的各科成绩，编程：分别求每个学生的平均成绩和每门课程的平均成绩。

5．有 12 个青年歌手参加歌曲大奖赛，10 个评委对他们进行打分，试编程求这些选手的平均得分（去掉一个最高分和一个最低分）。

三、字符数组

（一）目的与要求

掌握字符数组的定义、赋值和输入输出的方法。

（二）上机练习

若时间有限，则可优先选 1 或 2 题。

1. 打印以下图案。

```
       *
     * * *
   * * * * *
     * * *
       *
```

2. 打印以下图案。

```
 * * * * *
   * * * * *
     * * * * *
       * * * * *
         * * * * *
```

3. 有 1 行电文，已按下面规律译成密码：

A—Z   a—z
B—Y   b—y
C—X   c—x
⋮   ⋮

即第 1 个字母变成第 26 个字母，第 i 个字母变成第（26−i+1）个字母。非字母字符不变。要求编程序将密码译回原文，并打印出密码和原文。

4. 检验密码，密码只能是 6 位，最多输入 3 次。

第 5 章 函 数

5.1 函数概念

在第 1 章中已初步介绍了函数的概念，本章将深入讨论。

函数是 C 程序的基本单位，任何一个 C 程序都必须有一个主函数，即 main( )，除此之外还可以有库函数和用户自定义函数。

函数的一般形式为：

类型说明符　函数名(类型说明符　形参变量 1，类型说明符　形参变量 2，…)

  {

   语句部分

  }

一个函数包括函数首部和函数体两部分。类型说明符函数名（类型说明符　形参变量 1，类型说明符　形参变量 2，…）为函数首部，花括号{ }中的内容为函数体。函数首部的圆括号中的内容称为形式参数表，简称为形参表。形参表给出了每个形参变量的变量名和类型。没有形参表的函数是无参函数，反之，就是有参函数。调用有参函数时，将实际参数（简称实参）传递给形式参数（简称形参）。

自定义函数的函数名按标识符的规定命名。

函数名前面的类型说明符用以指出函数调用后，其返回结果的数据类型。通常称之为函数类型，在缺省的情况下，默认的函数类型为 int 型。调用后没有返回值的，将函数类型说明为 void 型，

[例 5-1]　无参无返回值的函数的例子。输入三个单词，以大写形式输出。

程序如下：

```
void output( )          /*无参无返回值的自定义函数*/
  {
    char c[10];
    printf("Please input a word： ");
    scanf("%s， c);
    printf("%s\n"， strupr(c))； /*将字符串中的小写字母转换成大写字母后输出*/
  }
main( )
  {
  int i;
  for(i=0； i<3； i++)
  output( );
  printf("THE END\n");
```

```
}
```

程序中 output( )是一个用户自定义函数，它的功能是，要求从键盘输入一个单词，然后将其中的小写字母转换成大写字母后输出。由于 output( )函数在运行时不需要主调函数向它提供数据，因此是无参函数。它没有返回值。

[例 5-2] 有参有返回值的函数的示例：输入两个整数，输出其最大值。

程序如下：

```
 max (int x，int y)        /*有参有返回值的自定义函数，默认的返回值为 int 型*/
    {
      int z;
      z=x>y? x：y;
      return(z);          /*用 return( )返回 z 的值给调用处*/
    }
 main( )
    {
      int a，b，c;
      scanf ("%d，%d"，&a，&b);
      c=max (a，b);       /*调用函数 max，a，b 为实参，传给形参 x，y，返回值赋给 c*/
      printf("Max is %d"，c);
    }
```

程序中 max 函数是用户自定义函数，其功能是找出变量 x 和 y 中较大的一个，然后把结果通过 return 语句返回给主调函数。在调用时，主调函数必须将具体要比较的二个数据提供给函数 max，所以 max 是有参函数。

5.2　函数参数和函数的值

5.2.1　形式参数和实际参数

前面已经介绍过，函数的参数有形参和实参两种。下面进一步介绍形参、实参的特点和两者的关系。

形参出现在函数定义中，在整个函数体内都可以使用，离开该函数则不能使用。实参出现在主调函数中，进入被调函数后，实参变量也不能使用。形参和实参的功能是作数据传送。发生函数调用时，主调函数把实参的值传送给被调函数的形参，从而实现主调函数向被调函数的数据传送。

函数的形参和实参具有以下特点：

（1）在定义函数时指定的形参变量，只有在函数被调用时才被分配内存单元。在调用结束后，形参所占的内存单元也随即被释放。因此，形参只有在函数内部有效。函数调用结束返回主调函数后则不能再使用该形参变量。

（2）实参可以是常量、变量、表达式、函数等，无论实参是何种类型的变量，在进行函数调用时，它们都必须具有确定的值，以便把这些值传送给形参。因此应预先用赋值、输入等办法使实参获得确定值。

（3）实参和形参的个数、类型和先后顺序应当严格保持一致，否则会发生"类型不匹配"的错误。

[例 5-3] 定义一个函数，将两个参数相加后返回主调函数。

程序如下：

```
int add(char x, int y)
    {
        int z;
        z=x+y;
        return (z);
    }
main()
    {
        char a;
        int i;
        printf("Please input an integer number and a character");
        scanf("%d, %c", &i, &a);
        printf("The first result is %d\n", add(a, i));
        printf("The second result is %d\n", add(i, a));
    }
```

由程序可以看出 add( )函数有 2 个形参，第 1 个形参是字符型变量 x，第 2 个形参是整型变量 y。在主函数 main( )中，第 1 次调用函数 add(a, i)时，第 1 个实参是字符型变量 a，第 2 个实参是整型变量 i，符合"实参与形参的个数、类型和先后顺序应当一致"的规定。而第 2 次调用函数 add(a, i)时，第 1 个实参是整型变量 i，第 2 个实参是字符型变量 a，不符合上述规定。因而该程序运行结果为：

输入：　整数 300 和字符 'a'

输出：　The first result is 397

　　　　The second result is 141

分析程序运行后的结果，第一次调用 add( )函数时，因为字符 'a' 的 ASCII 码是 97，所以第一个输出的结果显然是正确的。在第二次调用 add( )函数时，第一个实参变量 i 的值 300 被传递给 add( )函数的第一个形参变量 x，而 x 作为字符型变量，其 ASCII 码值的范围只能是 0～255，而现在实参变量传递给 x 的值已经超出其正常范围，于是出现错误。请读者分析，如果将实参变量 i 的值限定在 0～255 的范围之内，情况又如何？在第二次调用 add( )函数时，第二个实参变量与形参变量之间的参数传递有无问题？

（4）函数调用中发生的数据传送是单向的。即只能把实参的值传送给形参，而不能把形参的值反向地传送给实参。因此在函数调用过程中，形参的值发生改变，而实参中的值不会变化。

5.2.2　函数的返回值

函数的返回值就是主调函数从被调用的函数中的 return 语句获得的一个确定的值。return 语句的一般格式是：

return（表达式）；　　　　　或　　　　　return 表达式；

return 语句中表达式的值就是所求的函数的返回值。下面对函数值作一些说明：

（1）在一个函数中允许有多个 return 语句，但每次调用只能有一个 return 语句被执行，因此只能返回一个函数值。

（2）不需返回函数值的函数，可以明确定义为"空类型"，类型说明符为"void"。如例 5-1 中对 output( )函数的定义。

（3）在函数定义中，函数类型应该和 return 语句中的表达式类型一致。如果它们的类型不一致则以函数类型为准，即函数类型决定返回值的类型。

例如，将例 5-2 中的 max( )函数定义改为：

```
float max(int x，int y)
  {
    int z;
      z=x>y? x:y;
    return(z);
    }
```

这时，尽管变量 z 是 int 型的，而由于函数 max( )是 float 型的，所以函数返回的值将被自动转换为 float 型。

（4）如果函数未加类型说明，C 语言规定一律自动按整型处理。

5.3　函数的调用

5.3.1　函数调用的一般形式

在 C 程序中，通过函数名调用函数。一般格式为：

　　　　　　函数名 (实参表列)

如果是调用无参函数，则实参表列可以没有，但括弧不能省略。如果实参表列包含多个实参，则各参数间用逗号隔开。实参与形参的个数、类型与顺序应保持一致，以保证实参与形参之间正确地进行参数传递。

[例 5-4]　编程输出由 * 组成的三角形：

```
            *
           * * *
          * * * * *
         * * * * * * *
        * * * * * * * * *
```

程序如下：

```
void pr(int n)
    {
        int j;
        for(j=0；j<n；j++)
        printf("*");
```

```
       printf("\n");
      }
    main()
     {
      int i;
      for(i=1; i<=5; i++)
        pr(2*i-1);
     }
```

函数 pr( )的作用是在一行输出若干个 * 字符（字符个数由形参变量 n 控制），然后将光标移到下一行的起始处。

在主函数 main( )中利用循环语句，反复 5 次调用函数 pr( )，每调用一次就输出一行*字符，字符个数由实参传递给形参，这里实参的值由表达式“2*i-1”确定。函数调用就是一个语句，称这样的语句为函数语句。

5.3.2　函数原型

与使用变量的原则一样，函数也必须“定义在前、使用在后”。就是说，函数的定义应当出现在它被调用之前。如果一个程序包含了多个函数，而函数间又有相互调用，那就使“定义在前、使用在后”的原则难以实现。为此，C 语言提供函数原型语句来解决这个问题。

函数原型的一般格式为：

类型说明符　函数名（类型说明符　形参变量 1，类型说明符　形参变量 2，…）；

可见，函数原型的格式就是在函数定义格式的基础上去掉了函数体，并在函数首部后面加一个分号。因为函数原型作为语句，其末尾必须以分号结束。通常，将函数原型安排在源文件的开始部分。另外，函数原型声明语句中的形参表列可以缺省。

例如，使用函数声明语句后，例 5-4 可以改写为：

```
void pr( );      /* 函数原型*/
main( )
 {
   int i;
   for(i=1; i<=5; i++)
     pr(2*i-1);
 }
void pr(int n)
 {
   int j;
   for(j=0; j<n; j++)
     printf("*");
   printf("\n");
 }
```

5.4　函数的嵌套调用和递归调用

5.4.1　函数的嵌套调用

在 C 语言中，除了主函数不能被调用外，其他函数可以被主函数调用，也可以互相调用，还可以嵌套调用函数，即在调用一个函数的过程中又调用另一个函数。

[例 5-5]　编程求 3 个整数中的最大数。

[分析]　求 3 个整数 x、y、z 中的最大数，可以先求出 x、y 中的大数，然后将其与 z 相比，即可得到 x、y、z 中的最大数。为此，设计 2 个函数 max2( )和 max3( )，前者用于求 2 个数中的大数，后者用于求 3 个整数中的最大数。在函数 max3( )中通过调用函数 max2( )实现上述算法。

程序如下：

```
max3( );                                      /*函数原型*/
max2( );                                      /*函数原型*/
main( )
{
  int a，b，c;
  printf("Please Input Three Integers: ");
  scanf("%d, %d, %d", &a, &b, &c);
  printf("MAX=%d\n", max3(a, b, c));          /*主函数调用 max3( )函数*/
}
max3(int x1，int y1，int z1)
{
    return(max2(max2(x1，y1)，z1));            /* max3( )调用两次 max2( )函数*/
}
max2(int x2，int y2)
{
  return (x2>y2 ? x2：y2);
}
```

调用过程为：

mian( )函数调用 max3( )函数，将 a，b，c 的值传给 x1，y1，z1；

max3( )函数调用 max2( )函数，将 x1，y1 的值传给 x2，y2，其最大值返回 max3( )函数调用处；

max3( )函数再次调用 max2( )函数，将前次返回的最大值 z1 的值传给 x2，y2，其最大值返回 mian( )函数调用处。

5.4.2　函数的递归调用

C 语言的特点之一是函数可以递归调用，也就是说函数可直接或间接地调用自己。前者称为直接递归，后者称为间接递归。当一个问题具有递归关系时，采用递归调用方式可以使程序更简洁。例如，有函数 f( )如下：

```
int f(int x)
{
    int y;
    z=f(y);
    return z;
}
```

这个函数就是一个递归函数。但是运行该函数将无休止地调用其自身，这当然是不正确的。为了防止递归调用无终止地进行，必须在函数内有终止递归调用的手段。常用的办法是加条件判断，满足某种条件后就不再作递归调用，然后逐层返回。下面举例说明递归调用的执行过程。

在数学上有许多递归定义的数学公式，如阶乘：

$$n!=\begin{cases} 1 & (n=0,\ 1) \\ n(n-1)! & (n>1) \end{cases}$$

[**例 5-6**]   用递归方法求 n!。

程序如下：

```
long   fac(int n)            /* 求 n!的递归函数 */
{ long f;
  if(n<0)  printf("n<0，input error");
  else if(n= =0||n= =1)  f=1;
        else f=fac(n-1)*n;
  return (f);
}
main()
{ int n;
  long y;
  printf(" Input a integer number: ");
  scanf(" %d ", &n);
  y=fac(n)
  printf(" %d!=%ld\n ", n, y);
}
```

程序运行结果：

Input a integer number：5↵

5!=120

程序中给出的函数 fac( )是一个递归函数。主函数调用 fac( )后即进入函数 fac( )执行，如果 n<0，n=0 或 n=1 时都将结束函数的执行，否则就递归调用 fac( )函数自身。由于每次递归调用的实参为 n-1，即把 n-1 的值赋予形参 n，最后当 n-1 的值为 1 时再作递归调用，形参 n 的值也为 1，将使递归终止，然后可逐层退回。下面我们再举例说明该过程。设执行本程序时输入为 5，即求 5!。在主函数中的调用语句即为 y=fac(5)，进入 fac( )函数后，由于 n=5，

不等于 0 或 1，故应执行 f=fac(n-1)*n，即 f=fac(5-1)*5。该语句对 fac( )函数作递归调用即 fac(4)。进行四次递归调用后，fac( )函数形参取得的值变为 1，故不再继续递归调用而开始逐层返回主调函数。fac(1)的函数返回值为 1，fac(2)的返回值为 1*2=2，fac(3)的返回值为 2*3=6，fac(4)的返回值为 6*4=24，最后返回值 fac(5)为 24*5=120。

5.5　数组作为函数参数

数组元素可以作函数参数，其用法与变量相同。数组名也可以作实参和形参，传递的是整个数组。

5.5.1　数组元素作函数参数

数组元素可以作为函数的实参，与用变量作实参一样，是单向传递，即"值传递"方式。

[例 5-7]　设有两个整型数组 a 和 b，各有 5 个元素，将它们对应地逐个相比（即 a[0] 与 b[0]比，a[1]与 b[1]比……），试统计出这两个数组中对应元素相等以及不相等的次数。

程序如下：

```
int compare(int x，int y)        /*定义比较函数*/
int flag;
   { if (x= =y)          flag=0;
     else      flag=1;
      return(flag);
   }
main( )
{ int a[5]，b[5]，i，equal=0，noequal=0;
  printf("enter array a:\n");
  for (i=0；i<5；i++)
    scanf("%d"，&a[i]);
     printf("\n");
  printf("enter array b：\n");
  for ( i=0；i<5；i++)
    scanf("%d"，&b[i]);
     printf("\n");
  for ( i=0；i<5；i++)
     if(compare(a[i]，b[i])= =0) equal=equal+1;
     else noequal=noequal+1;
  printf("a[i]=b[i]：%d times\n"，equal);
  printf("a[i]<>b[i]：%d times\n"，noequal);
}
```

程序运行结果：

enter array a:

```
        1 3 5 7 9
enter array b:
        2 3 6 7 9
a[i]=b[i]：3 times
a[i]<>b[i]：2 times
```

5.5.2 数组名作函数参数

使用数组名作函数的参数要求实参和形参都应该是数组名。实参数组与形参数组类型应一致。由于数组名实际上代表了数组存储的起始地址，所以在函数调用时，实参把该起始地址传递给形参，使其指向同样的存储区域，这就是地址传递。在执行函数的过程中，凡是对形参数组中元素的加工处理实际上是对实参数组元素的加工处理。这是地址传递与值传递的区别所在。

[例 5-8]　假设有一个一维数组 score，存放了 5 个学生成绩，求平均成绩。

程序如下：

```
float average( float array )
   {   int i;
       float aver，sum=array[0];
         for (i=1；i<5；i++)
             sum+=array[i];
             aver=sum/5；
             return(aver)；
   }
main( )
   {   float score[5]，aver；
       int i;
       printf("input 5 score：\n")；
       for (i=0；i<5；i++)
           scanf("%f"，&score[i])；
       printf("\n")；
       aver=average(score)；
       printf("average score is %5.2f"，aver)；
   }
```

程序运行结果：

```
input 5 score：
  80 60 70 40 50
average score is    60.00
```

5.6 局部变量和全局变量

任何一个变量都有它的使用范围，即作用域，也就是说，在定义了一个变量以后，并不是在程序的任何地方都可以使用这个变量。只有在变量的作用域内才能使用这个变量。在 C 语言中，如果按变量的作用域分，变量可分为局部变量和全局变量。

5.6.1　局部变量

在一个函数或复合语句内部定义的变量称为局部变量或内部变量，它只在本函数或复合语句范围内有效，只有在本函数或复合语句内才能使用它们。

例如：

```
float f1(int a)
{
    int b，c;      /*  这里所定义的变量 a，b，c 只在函数 f1( )内部有效   */
    …;
}
float f2(int x，int y)
{
    int b，c; /*  这里所定义的变量 x，y，b，c 只在函数 f2( )内部有效   */
    …;
}
main( )
{
    int m，n;     /*  这里所定义的变量 m，n 只在函数 main( )内部有效  */
    …;
}
```

由上例可以看到，函数 f1（）与函数 f2（）中使用了相同的变量名 b、c，但它们互不影响。

关于局部变量的作用域还要说明以下几点：

（1）主函数 main( )中定义的变量也只能在主函数中使用，不能在其他函数中使用。同时，主函数中也不能使用其他函数中定义的变量。因为主函数 main( )也是一个函数，它与其他函数是平行关系。这一点应予以注意。

（2）形参变量也是属于局部变量，作用范围在定义它的函数内，因此在定义形参时不能和函数体内的变量重名。

（3）允许在不同的函数中使用相同的变量名，它们代表不同的对象，互不干扰。如上例 f1()函数和 f2()函数中都有变量名 b、c，这是完全允许的。

（4）在复合语句中也可定义变量，其作用域只在复合语句范围内。

[例 5-9]　局部变量的作用域比较。

```
main( )
{
```

```
int i=4，j=5，k；
k=i+j；
i=i+1；
{
int k=8；
if(i= =5) printf("%d\n"，k)；
}
printf("%d\n%d\n"，i，k)；
}
```

本程序在 main（）函数中定义了 i，j，k 三个变量，其中 k 未赋初值。而在复合语句内又定义了一个变量 k，并赋初值为 8。**注意**：这两个 k 不是同一个变量。在复合语句外由 main（）函数定义的 k 起作用，而在复合语句内则由在复合语句内定义的 k 起作用。因此程序第 4 行的 k 为 main（）函数所定义，其值应为 9。第 8 行要求输出 k 值，该行在复合语句内，当 i 的值为 5 时，由复合语句内定义的 k 起作用，其值为 8，故条件满足时输出值为 8。第 10 行输出 i，k 值，i 是在整个程序中有效的，第 10 行在复合语句之外，输出的 k 应为 main 函数所定义的 k，故输出也为 9。

5.6.2 全局变量

在函数外部定义的变量称为全局变量或外部变量。它的作用域是从定义变量的位置开始到该源文件结束。因此全局变量可以在定义之后的很多函数中使用它。

[**例 5-10**] 输入长方体的长宽高 l、w、h。求长方体的体积及三个面 x×y，x×z，y×z 的面积。

程序如下：

```
int s1，s2，s3；        /* s1，s2，s3 为全局变量，从此位置开始至程序结束都可使用*/
int vs( int a，int b，int c)
    {
    int v；
    v=a*b*c；
    s1=a*b；
    s2=a*c；
    s3=b*c；         /*使用全局变量 s1，s2，s3，给 s1，s2，s3 分别赋值（3 个面积
                      的值）*/
    return (v)；      /*返回体积的值*/
    }
main( )
{
int v，l，w，h；
printf("\n input length，width and height\n")；
scanf("%d%d%d"，&l，&w，&h)；
```

```
        v=vs(l，w，h);
        printf("v=%d s1=%d s2=%d s3=%d\n"，v，s1，s2，s3) ;
    }
```

本程序中定义了 3 个全局变量 s1，s2，s3，用来存放 3 个面积，其作用域为整个程序。函数 vs 用来求长方体积和 3 个面积，函数的返回值为体积 v。由于 C 语言规定函数返回值只有一个，当需要增加函数的返回数据时，用外部变量是一种很好的方式。本例中，如不使用全局变量，在主函数中就不可能取得 v，s1，s2，s3 四个值。而采用了全局变量，在函数 vs 中求得的 s1，s2，s3 值在 main 中仍然有效。由此可见，全局变量加强了函数模块之间的数据联系，但是它又使得函数的独立性降低了。从模块化程序设计的观点来看这是不利的，因此建议不要轻易使用全局变量。

5.7 动态存储变量与静态存储变量

在 C 语言中，每一个变量都有 3 个属性：一是"数据类型"，变量的数据类型是其操作属性，如 int、float、char 等，它确定了变量存储长度和运算方式；二是"作用域"，如上节所述，由变量所处的位置确定变量是局部变量还是全局变量，从而确定变量的作用域；三是"存储类别"，变量的存储类别是其存储属性，即变量在内存中的存储方式，不同的存储方式决定了变量存在的时间，即生存期。

静态存储的变量是指变量在程序执行的全过程中始终占据着大小固定的存储单元，直到程序运行结束才予以释放。而动态存储的变量是指变量的存储单元在程序运行过程中由系统动态地分配和回收，当定义它们的函数被调用时分配内存，当定义它们的函数返回时系统收回变量所占内存。在 C 语言中，变量在内存中的存储方式可分为两大类：静态存储和动态存储。具体包含 4 种：

① auto 型存储（自动的）；
② extern 型存储（外部的）；
③ static 型存储（静态的）；
④ register 型存储（寄存器的）。

C 语言对每一个变量定义的一般格式为：

[存储类型]　[数据类型]　变量名 1，变量名 2，……；

例如：　　　　　 auto int x，y，z;　　　　　 /* 定义 x，y，z 为 auto 型变量 */
　　　　　　　　 static float m;　　　　　　 /* 定义 m 为 static 型变量 */

变量在定义时，存储类别和数据类型可以缺省一个，当存储类别缺省时，默认为 auto 型；当数据类型缺省时，默认为 int 型。

5.7.1 自动变量（auto 型）

这种存储类型是 C 语言程序中使用最广泛的一种类型。C 语言规定，函数内凡未加存储类型说明的变量均视为自动变量，也就是说自动变量可省去说明符 auto。在前面各章的程序中所定义的变量凡未加存储类型说明符的都是自动变量。

自动变量具有以下特点：

（1）自动变量的作用域仅限于定义该变量的个体内。在函数中定义的自动变量，只在该函数内有效。在复合语句中定义的自动变量只在该复合语句中有效。

（2）自动变量属于动态存储方式，只有在使用它，即定义该变量的函数被调用时才给它分配存储单元，开始它的生存期。函数调用结束，释放存储单元，结束生存期。因此函数调用结束之后，自动变量的值不能保留。在复合语句中定义的自动变量，在退出复合语句后也不能再使用，否则将引起错误。

（3）由于自动变量的作用域和生存期都局限于定义它的个体内（函数或复合语句内），因此不同的个体中允许使用同名的变量而不会混淆。即使在函数内定义的自动变量也可与该函数内部的复合语句中定义的自动变量同名。

[例 5-11]　自动变量的作用域比较。

程序如下：

```
main( )
{
    auto int a，s=8，p=8;              /*auto 可省略*/
    printf("\n input a number：");
    scanf("%d"，&a);
    if(a>0)
    {
        auto int s，p;                 /*auto 可省略*/
        s=a+a;
        p=a*a;
        printf("\n s=%d   p=%d\n"，s，p);
    }
    printf("s=%d   p=%d\n"，s，p);
}
```

程序运行结果：

input a number：6↵

s=12　p=36

s=8　p=8

本程序在 main( )函数中和复合语句内两次定义了变量 s、p 为自动变量。按照 C 语言的规定，在复合语句内，应由复合语句中定义的 s、p 起作用，故 s 的值应为 a+a，p 的值为 a*a。退出复合语句后的 s、p 应为 main 所定义的 s、p，其值在初始化时给定，均为 8。从输出结果可以分析出两个 s 和两个 p 虽变量名相同，但却是两个不同的变量。

5.7.2　外部变量（extern 型）

所谓外部变量（即全局变量）是指在函数的外部定义的变量，它的作用域为从变量的定义处开始，到本程序文件的末尾。它可被本文件中的所有函数所引用，属于静态存储类别。在一个源文件中，可以通过关键字 extern 来扩大外部变量的作用域。

[例 5-12]　利用 extern 扩大外部变量的作用域。

程序如下：

```
int max(int x，int y)
{
    int z;
    z=(x>y)? x：y;
    return z;
}
main( )
{
    extern a，b;
    printf("%d"，max(a，b));
}
int a=13，b=14;
```

程序中第 9 行用 extern 声明外部变量 a、b，从而使它们的作用域扩大为第 9~12 行的所有语句。若没有第 9 行用 extern 声明外部变量 a、b 的语句，那么在编译 printf 语句时将会出错。因为尽管变量 a、b 被定义为外部变量，但它是在 printf 语句后定义的，它的作用域仅局限于最后一句语句。

5.7.3　静态变量（static 型）

局部变量是动态存储的变量，但是可以用存储类型说明符 static 将其定义为静态存储的变量。即用关键字 static 声明的局部变量称为静态局部变量，当系统为其分配存储单元后便一直占据，直到程序运行结束才释放所占据的内存空间。

例如：static int a，b;

静态局部变量属于静态存储方式，它具有以下特点：

（1）静态局部变量在函数内定义，但不象自动变量那样，当调用函数时就存在，退出函数时就消失。静态局部变量始终存在着，也就是说它的生存期为整个源程序。

（2）静态局部变量的生存期虽然为整个源程序，但是其作用域仍与自动变量相同，即只能在定义该变量的函数内使用该变量。退出该函数后，尽管该变量还继续存在，但不能使用它。

（3）对基本类型的静态局部变量若在说明时未赋以初值，则系统自动赋予 0 值。而对自动变量不赋初值，则其值是不定的。根据静态局部变量的特点，可以看出它是一种生存期为整个源程序的量。虽然离开定义它的函数后不能使用，但如再次调用定义它的函数时，它又可继续使用，而且保存了前次被调用后留下的值。因此，当多次调用一个函数且要求在调用之间保留某些变量的值时，可考虑采用静态局部变量。虽然用全局变量也可以达到上述目的，但全局变量有时会造成意外的副作用，因此仍以采用静态局部变量为宜。

[**例 5-13**]　局部变量与静态局部变量的比较。

程序如下：

```
void f( )　/*自定义函数*/
    {
```

```
    int j=0;           /*j 是局部变量*/
    static k=0;          /*k 是静态局部变量*/
    ++j;
    ++k;
    printf("%d，%d\n"，j，k)；
  }
main( )
{
  int i;
  for(i=1；i<=3；i++)
    f( )；        /*函数调用*/
}
```

程序运行结果：

1，1

1，2

1，3

函数 f( )中定义了两个变量，其中变量 j 为自动变量并赋予初始值为 0，变量 k 为静态局部变量也赋予初始值为 0。main 中 3 次调用 f 时，j 均赋初值为 0，故每次输出值均为 1；k 能在每次调用后保留其值并在下一次调用时继续使用，所以输出值成为累加的结果。

C 语言中，一个源程序可以由一个或多个源文件（文件扩展名为 c 的文件）组成。如果在定义全局变量（外部变量）时，在前面再冠以 static，就构成了静态的全局变量，静态全局变量的作用域只局限于定义它的源文件内，源程序中其他源文件不能使用。而一个源文件中定义的非静态全局变量（没有在前面再冠以 static），在源程序包含的各个源文件中都可以使用，使用时在前面加上 extern。

5.7.4 寄存器变量（register 型）

上述各类变量使用时都存放在内存中，因此当对一个变量频繁读写时，必须要反复访问内存，从而花费大量的存取时间。为此，C 语言提供了另一种变量，即寄存器变量。这种变量存放在 CPU 的寄存器中，使用时，不需要访问内存，而直接从寄存器中读写，这样可提高效率。寄存器变量的说明符是 register。对于循环次数较多的循环控制变量及循环体内反复使用的变量均可定义为寄存器变量。

[例 5-14] 寄存器变量。

```
main( )
{
  register i，s=0;
  for(i=1；i<=1000；i++)
  s=s+i;
  printf("s=%d\n"，s)；
```

```
    }
```
本程序循环 1000 次，i 和 s 都将频繁使用，因此可定义 i 和 s 为寄存器变量。

因为计算机系统中寄存器的数目是非常有限的，所以决定了在 C 语言程序中寄存器变量的数目有一定的限制，而且只有动态存储的变量才能作为"寄存器变量"。Turbo C 允许同时定义两个寄存器变量，C 语言编译系统会自动地将超过限制数目的寄存器变量当作自动变量进行处理。

5.8 内部函数和外部函数

函数都是全局的，因为不能在函数内部定义另一个函数。但是，根据函数能否被其他源文件调用，将函数区分为内部函数和外部函数。

5.9.1 内部函数

如果一个函数只能被本源文件中的其他函数所调用，它称为内部函数。在定义内部函数时，在函数名和函数类型前面加 static，即：

static 类型标识符   函数名(形参表)

例如：static int f (int a，int b)；

这样，如果在别的源文件中要调用这里的函数 f( )，则被认为是非法的。使用内部函数，可以使函数只局限于所在文件，如果在不同的文件中有同名的内部函数，互不干扰。

5.9.2 外部函数

在定义函数时，如果冠以关键字 extern，表示此函数是外部函数，外部函数在整个源程序中都有效，其定义的一般形式为：

extern 类型说明符 函数名(形参表)

例如：extern int f (int a，int b)；

这时，函数 f( ) 可以为其他源文件调用，如果在定义函数时省略 extern 或 static，则默认为外部函数。在一个源文件的函数中调用其他源文件中定义的外部函数时，应用 extern 说明被调函数为外部函数。例如：

file1.c (源文件一)
```
    main()
       {
           extern int f1(int i);      /*外部函数说明，表示 f1()函数在其他源文件中*/
           ……
       }
```
file2.c (源文件二)
```
    extern int f1(int i);           /*外部函数定义*/
    {
       ……
    }
```

本 章 小 结

1. C 语言程序总是从主函数 main( )开始运行。主函数可以调用其他函数，其他函数可以相互调用，但任何一个函数都不能调用主函数 main( )。

2. 函数按其特性可以进行不同的分类，如：库函数与用户自定义函数；有返回值的函数与无返回值的函数；有参函数与无参函数；内部函数与外部函数。

3. 函数的参数分为形参和实参两种，形参出现在函数定义中，实参出现在函数调用中，发生函数调用时，将把实参的值传送给形参。函数的值是指函数的返回值，它是在函数中由 return 语句返回的。数组名作为函数参数时不进行值传送而进行地址传送，此时形参和实参共用同一个地址，因此形参数组的值发生变化，实参数组的值当然也变化。

4. 允许函数的嵌套调用和函数的递归调用。

5. 可从三个方面对变量分类，即变量的数据类型、变量作用域和变量的存储类型。变量的作用域是指变量在程序中的有效范围，分为局部变量和全局变量。变量的存储类型是指变量在内存或寄存器中的存储方式，分为静态存储和动态存储，表示了变量的生存期。

习 题 5

一、选择题

1. 以下对 C 语言函数的有关描述，正确的是（ ）。

　　A．在 C 语言函数中，调用函数时，只能把实参的值传送给形参，形参的值不能传送给实参

　　B．C 语言函数既可以嵌套定义又可以递归调用

　　C．函数必须有返回值，否则不能使用函数

　　D．C 语言程序中有调用关系的所有函数必须放在同一个源程序文件中

2. C 语言允许函数值类型缺省定义，此时该函数值隐含的类型是（ ）。

　　A．float 型　　　　　　B．int 型　　　　　　C．long 型　　　　　　D．double 型

3. 若用数组名作为函数调用的实参，传递给形参的是（ ）。

　　A．数组的首地址　　　　　　　　　　B．数组第一个元素的值

　　C．数组中全部元素的值　　　　　　　D．数组元素的个数

4. 下面函数调用语句含有实参的个数为（ ）。

```
func((expl，exp2)，(exp3，exp4，exp5));
```

　　A．1　　　　　　　　B．2　　　　　　　　C．4　　　　　　　　D．5

5. 有如下程序：

```
int f(int a，int b)
{   return(a+b);
}
main( )
```

```
{ int x=3, y=6, z=9, m;
  m=f(f(x, y), z);
  printf("%d\n", m);
}
```

该程序的输出结果是（   ）。

A. 16   B. 17   C. 18   D. 19

6. 以下程序的运行结果是（   ）。

```
void fun()
{ extern int m, n;
  int x=8, y=6;
  m=x+y;
  n=x*y;
}
int m, n;
main()
{ int x=4, y=3;
  m=x*y;
  n=x+y;
  fun();
  printf("%d, %d\n", m, n);
}
```

A. 12，7   B. 不确定   C. 14，48   D. 7，12

二、填空题

1. 下面 add 函数的功能是求两个参数的和，并将和值返回调用函数。函数中错误的部分是_____，应改为_____。

```
void add(float a, float b)
{
  float c;
  c=a+b;
  return c;
}
```

2. 以下程序的运行结果是：_____。

```
long fib(int g)
{   switch(g)
    { case 0: return 0;
      case 1: case 2: return 1;
    }
    return(fib(g-1)+fib(g-2));
```

8

```
            }
        main( )
          { long k;
            k=fib(5);
            printf("k=%ld\n", k);
          }
```

3. 以下程序的运行结果是＿＿＿＿＿＿＿＿＿＿＿＿＿＿。

```
f(int a, int b)
{ static int m=0, i=2;
  i+=m+1;
  m=i+a+b;
  return(m);
}
main ( )
{ int k=4, m=1, p;
  p=f(k, m);
  printf ("%d", p);
  p=f(k, m);
  printf ("%d\n", p);
}
```

4. 补写完整程序：以下程序的运行结果是输出如下图形。

```
        *
       * * *
      * * * * *
     * * * * * * *
      * * * * *
       * * *
        *
```

```
void a(int i)
{int j, k;
  for(j=0; j<=7-i; j++) ＿＿＿＿＿＿;
  for(k=0; k<＿＿＿＿; k++) ＿＿＿＿＿＿;
  printf("\n");
}
main( )
  {
      int i;
    for(i=0; i<3; i++) ＿＿＿＿＿＿＿＿＿;
    for(i=3; i>=0; i--) ＿＿＿＿＿＿＿＿ ;
  }
```

5. 以下程序的运行结果是＿＿＿＿＿＿＿＿＿＿＿＿＿。

```
fun(int，int);
main()
  {
    int i＝2，x＝5，j＝7;
  fun(j，6);
  printf("i＝%d；j＝%d；x=%d \ n"，i，j，x);
  }
  fun(int i，int j)
  {
     int x=7;
     printf("i=%d；j＝%d；x=%d \ n"，i，j，x);
  }
```

上 机 题

一、目的和要求

1. 掌握定义函数的方法。
2. 掌握函数实参与形参的对应关系，以及"值传递"的方式。
3. 掌握函数的调用方法。

二、练习题

1. 求方程 $ax^2+bx+c=0$ 的根，用 3 个函数分别求当 b^2-4ac 大于 0、等于 0 和小于 0 时的根，并输出结果。从主函数输入 a、b、c 的值。

2. 写一个判断素数的函数，在主函数中输入一个整数，判断是否为素数；若是素数打印 "YES"，否则打印 "NO"。

3. 编一函数，从一组整型数据中求出最大值、最小值，并输出结果。

4. 采用辗转相除法，编写求两个正整数最大公约数的函数和最小公倍数的函数。

提示：辗转相除法求两个正整数 m、n 的最大公约数的步骤如下：

（1）求余数：求 m 除以 n 的余数 r；

（2）判结束：如 r 等于零，则 m 为最大公约数；

（3）替换：用 n 置 m，用 r 置 n，回到步骤（1）。

求两个正整数的最小公倍数可利用以下公式求得：最小公倍数=m×n/最大公约数。

5. 编写一递归函数，以 5 位宽度左对齐的格式顺序输出正整数 n 中的每一位数字。

例如：输入 12345，则输出 1　　　2　　　3　　　4　　　5

第6章 指　　针

指针是 C 语言中的一个重要概念，也是 C 语言中最有特色的部分。指针的功能强大，用法灵活。利用指针可以设计出复杂的数据结构，能动态分配内存，能灵活、方便地处理数组和字符串，从而编写出简洁、高效的程序。

6.1　指针与指针变量

6.1.1　指针

在计算机中，内存由一个个具有连续编码的存储单元所组成，即每一个存储单元都具有唯一的、固定的编号，这个编号称为内存单元的地址。如果在程序中定义了一个变量，由于不同的数据类型占据不同字节的存储空间，在编译时，系统就根据程序中定义的变量类型，分配相应的存储空间。例如，对整型变量通常分配 2 个字节，对实型变量分配 4 个字节，对字符型变量分配 1 个字节，而每一个字节都有一个地址。每个变量的首字节的地址称为该变量的地址。指针就是地址，一个变量的地址称为这个变量的指针。内存中的地址常用十六进制整型数表示。

如何查看一个变量的地址呢？

可以用取地址运算符 "&" 来实现。如运行以下程序：

```
main( )
{int   a=26;
 printf("&a=%x, a=%d\n", &a, a);
}
```

可以查看整型变量 a 的地址（a 占 2 个字节，看到的是它的首字节的地址）和 a 的值。

注意：变量 a 只有使用时系统才分配地址，用完后系统释放地址。而内存中的地址是动态分配的，所以在不同的时间或不同的计算机上运行同样的程序，给同一变量分配的地址可能不同。

6.1.2　直接访问和间接访问

在 C 语言的程序中，一般是通过变量名对内存单元进行存取操作的。程序经过编译以后将变量名转换为变量的地址，对变量值的存取都是通过地址进行的。像这种直接按变量地址存取变量值的方式称为 "直接访问"。如对以下程序：

```
main( )
{
    int a, b, c;
    a=10; b=16;
    c=a+b;
```

```
    printf ("% d \ n",  c);
  }
```

当程序进行编译时，假设系统分配 2000 和 2001 两个字节给变量 a，分配 2002 和 2003 两个字节给变量 b，分配 2004 和 2005 两个字节给变量 c（见图6-1）。

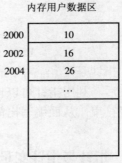

当执行语句"c=a+b"时，首先从 2000、2001 字节取出 a 的值（10），然后从 2002、2003 字节取出 b 的值（16），将它们相加后的结果（26）送到 c 所占用的 2004、2005 字节单元中。

变量的"间接访问"方式是将变量 a 的地址存放在另一个称为"指针变量"的变量中，当要读取变量 a 的值时，先从指针变量中取出 a 的地址，再从这个地址单元中取出 a 的值（见图6-2）。

图6-1 直接访问

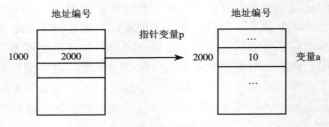

图6-2 间接访问

6.1.3 指针变量的定义和引用

如前所述，变量的地址就是变量的指针，存放变量指针（地址）的变量称为指针变量。指针变量的使用和其他变量的使用一样需要"先定义，后使用。"

1. 指针变量的定义   指针变量不同于其他变量，它是用来专门存放地址的，必须将它定义为"指针类型"。指针变量定义的一般形式为：

数据类型*指针变量名

其中，"数据类型"说明该指针变量所指向的变量类型，"*"表示所定义的变量是一个指针变量而不是一个普通变量。

例如：int   a，b，*pa，*pb;

定义了整型变量 a、b 及指针变量 pa、pb，且 pa、pb 是用来指向整型变量的（即用来存放整型变量的地址）。**需要特别注意**：只有整型变量的地址才能放到指向整型变量的指针变量中。以上定义的两个指针变量在定义时并没有指向另一个变量。那么怎样使一个指针变量指向另一个变量呢？可采用赋值语句来使一个指针变量指向另一个变量。例如：

pa=&a;

pb=&b;

如前所述，"&"是取地址运算符，pa=&a 将变量 a 的地址存放到指针变量 pa 中，因此 pa 就"指向"了变量 a。同样，pb=&b 将变量 b 的地址存放到指针变量 pb 中，因此 pb 就"指向"了变量 b。

2. 指针变量的引用   在定义了一个指针变量并确定了它的指向后，就可以利用它来访问所指向的变量，称为对指针变量的引用。引用指针变量的一般形式为：

＊ 指针变量名

这里的"＊"称为指针运算符，也称为"间接访问"运算符。

[例 6-1]　指针变量的引用。

程序如下：

```
main（）
{ int a，b，*pa，*pb;
   pa=&a;
   pb=&b;
   a=2;
   b=4;
   printf（"%d，% d \n"，* pa，* pb）;
   * pa =10;
   * pb =20;
   printf（"%d，%d\n"，a，b）
}
```

程序运行结果：

2，4
10，20

在程序中当变量 a 赋值 2，变量 b 赋值 4 时，因为 pa 指向 a，pb 指向 b，*pa 就相当于 a，*pb 相当于 b，所以*pa 也为 2，*pb 也为 4。当为*pa 赋值 10，*pb 赋值 20 时，因为同样的原因，a 也为 10，b 也为 20。

6.2　指针运算

与其他变量一样，指针也是一种特殊的变量，也有指针运算。其中最常用的运算有：取地址运算&，取值运算*，以及指针加、减运算等。

1. 地址运算&　取地址运算是指取出运算符&后面的变量在内存中占用的空间的起始地址。因为被指向的变量可能占用多个内存单元，指针并不记录它的所有地址，而只指向它的起始地址。例如：

```
int a，*pa;              /*定义整型变量 a，指向整型变量的指针变量 pa */
pa =&a;                 /*取 a 的起始地址，赋给指针变量 pa */
```

2. 数据运算*　与取地址运算符"&"相对应的是取数据运算符"*"，也称指针运算符。取地址运算的操作对象是变量，而取数据运算的操作对象则是指针变量，用于访问某个地址的数据。"*"运算符除作为取数据运算符外，还作为定义指针变量标识符，另外还可作为算术乘法运算符。对于"*"在不同场合的作用，编译器能够根据上下文环境判别其作用。例如：

```
int a，b，c;
int *pa;                /* 此处"*"号表示定义指针变量 pa */
pa = &a;
```

```
*pa=100;                    /*  此处"*"号表示指针运算符 */
b=10;
c=a*b;                      /*  此处"*"号表示乘法运算符 */
```

"&"和"*"两个运算符可以根据需要灵活使用。例如，已执行 pa=&a，则以下就可直接使用&*pa 来代表 a 的地址了。因为"&"和"*"两个运算符的优先级别相同，但按自右而左的方向结合，因此，先进行*pa 的运算，它就是变量 a，然后再进行&运算。因此，&*pa与&a 相同，即代表变量 a 的地址。如果有：

```
int   a，b，*pa，*pb;
pa=&a;
pb=&b;
pb=&*pa;
```

前两行执行后，pa 和 pb 分别指向了变量 a 和 b，当执行了第三行后，就使 pb 指向了 a 的地址，即 pb 已不再指向 b 了，而和 pa 一样指向了 a，图 6-3b 表示 pa 和 pb 中地址的变化，图 6-3a 表示原来的情况。

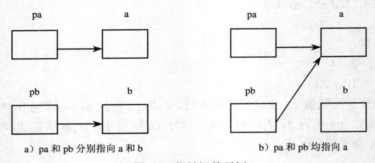

图6-3　指针运算示例

另外，*&a 的含义是先进行&a 的运算，得到 a 的地址，然后再进行*运算，即&a 所指向的变量，此处的*&a 和*pa 的作用是一样的，即*&a 与 a 等价。

3. 指针变量的算术运算　　在 C 语言中，可以通过加减一个整数来移动指针。指针增 1运算后指向下一个数据（注意不是下一个字节）的位置，指针减 1 运算后指向上一个数据的位置，例如：

```
int   a，*pa;
float  b，*pb;
char   c，*pc;
pa = &a;
pb = &b;
pc = &c;
pa ++;
pb ++;
pc ++;
```

在这段程序中，定义 pa 为指向整型变量的指针变量，则 pa++相当于 pa=pa+1×2（每个整型变量在内存中占两个字节），即 pa++使指针向下移动两个字节指向下一个数据；pb 定义为指向 float 型的指针变量，则 pb++相当于 pb=pb+1×4（每个 float 型数据在内存中占据 4 个字节），即 pb++使指针向下移动 4 个字节，指向下一个数据；pc 为指向字符型变量的指针变量，则 pc++相当于 pc=pc+1×1（每个字符型数据在内存中占据 1 个字节），即 pc++是指针向下移动了 1 个字节。所以指针变量的增 1 不是简单的地址加 1，而是指向下一个数据。同理，减 1 运算是指向上一个数据，地址加 n 或减 n 的运算依次类推。

另外，若有定义 int a, *pa；pa=&a；则（*pa）++相当于 a++。注意此处括号是必要的，若没有括号，就变成了*pa++，由于++与*的优先级相同，而结合方向为自右而左，又由于++在 pa 的右侧，是"后加"，因此先对 pa 的原值进行*运算，即得到 a 的值，然后再将 pa 中的值（即地址）改变，这样，pa 将不再指向 a 了。

[例 6-2] 利用指针变量实现 a、b 两个变量中的值按由小到大顺序输出（用 3 种方法编程）。

方法一：先输出小值，再输出大值
```
main( )
{ int  a=10，b=18，*pa，*pb;
  pa=&a;
  pb=&b;
  If (*pa<*pb)
  printf ("%d, %d\n", * pa, *pb);
  else printf ("%d，%d\n", * pb, *pa );
}
```

方法二：交换地址
```
main( )
{ int   a=10，b=18，*pa，*pb，*p;
  *pa=&a;
  *pb=&b;
  If (*pa>*pb)
  {p=pa; pa=pb; pb=p; }          /* 交换 pa 与 pb 的地址 */
  printf ("%d, % d \n", *pa, *pb);
}
```

方法三：交换数值
```
main( )
{int   a=10，b=18，t，*pa，*pb;
  pa=&a;
  pb=&b;
  If (*pa>*pb)
  {t=*pa; *pa = *pb; *pb=t; }          /* 交换数值 */
  printf ("%d, %d\n", * pa, *pb);
}
```

程序运行结果：

  10，18

6.3 指针与数组

  指针与数组关系密切。一个数组包含若干元素，每个数组元素都在内存中占用存储单元，它们都有相应的地址。因此，指针变量可以指向数组和数组元素。所谓数组的指针是指向数组的起始地址，数组元素的指针是数组元素的地址。使用指针可以对数组进行相关的操作。

6.3.1 指向一维数组的指针变量

  C 语言规定一维数组的数组名代表数组的首地址，因此数组名本身就是一个指针，它指向第 1 个数组元素。其他数组元素的地址可以通过数组名加偏移量来取得。例如：

```
int   a[20];              /*定义一个长度为 20 的一维数组 a，数组元素为整型*/
int   *pa;               /*定义指向整型数据的指针变量 pa*/
pa = a;                  /*为指针变量赋值*/
pa =&a[0];               /*本语句与上句等价*/
```

  注意：数组 a 不代表整个数组，上述"pa = a；"的作用是"把 a 数组的首地址赋给指针变量 pa"，"而不是把数组 a 各元素的值赋给 pa"。

  按 C 语言的规定：如果指针变量 pa 已指向数组中的一个元素，则 pa+1 指向同一数组中的下一个元素（而不是将 pa 值简单地加 1）。如果 pa 的初值为&a[0]，则：pa+i 和 a+i 都是 a[i]的地址，或者说，它们指向 a 数组的第 i 个元素；*(pa+i) 或*(a+i)是 pa+i 或(a+i)所指向的数组元素，即 a[i]。例如：*(pa+6) 或*(a+6)就是 a[6]。即*(pa+6)＝*(a+6)＝a[6]。

  根据以上叙述，引用数组元素可以采用：

  ① 下标法：如 a[i]形式。

  ② 指针法：如*(a+i) 或*(pa+i)形式。其中 a 是数组名，pa 是指向数组的指针变量，其初值 pa=a。

  [例 6-3] 假设有一个整型的 a 数组，共有 20 个元素。要求从键盘输入这 20 个元素，并利用下标法、数组名法和指针法等 3 种方法输出数组中的各元素。

  方法一：下标法

```
main( )
{ int  a[20], i;
 for (i=0；i< 20；i++)
 scanf ("%d"，& a [i]);
 for (i=0；i< 20；i++)
 printf ("%d"，& a [i]);
}
```

  方法二：数组名法

```
main( )
```

```
{int  a[20]，i;
for (i=0；i< 20；i++)
scanf ("%d"，(a +i) );
for (i=0；i< 20；i++)
printf ("%d"，*(a +i));
 }
```

方法三：指针法

```
main( )
  {int a[20]，i，*pa；
  pa = a；
  for (i=0；i< 20；i++)
    scanf ("%d"，pa);
    pa = a；
  for (i=0；i< 20；i++；pa ++)
    printf ("%d"，*pa);
  }
```

注意：在用指针法编写该程序时，第二个"pa=a"语句不可缺少。这是对指针 pa 初始化，使其回到数组首部，因为执行完第一个 for 语句后，指针 pa 已经位于数组尾部后面。另外，程序中 a 是数组名，它只代表数组的首地址，其值不可变；pa 是指针变量，其值是可变的，它可以指向数组的上一个元素或下一个元素。

对数组元素的引用，既可用下标法，也可用指针法。使用下标法直观；而使用指针法，能使目标程序占用内存少、运行速度快。

6.3.2 指向二维数组的指针变量

指针处理一维数组时，指针变量所指对象为数组元素，即指针变量增 1、减 1 操作就使指针后移或前移一个数组元素。但是指针处理二维数组时，指针变量所指对象是二维数组中的行，因此，无论从概念上还是使用上，二维数组的指针都要比一维数组的指针复杂。

1．二维数组的地址   为了说明指针与二维数组的关系，我们首先了解二维数组的编译结构。

假设有如下定义：

int a[3][4]={{2，4，6，8}，{10，12，14，16}，{18，20，22，24}};

以上定义了一个二维数组，包含有 3 行 4 列整型元素。其中，a 为数组名，它所对应的元素有 a[0]、a[1]、a[2]，但是每个数组元素 a[i]又是一个一维数组，它包含有 4 个元素 a[i][0]、a[i][1]、a[i][2]和 a[i][3]，二维数组名 a 与一维数组名 a[i]以及数组元素 a[i][j]之间的关系如图 6-4 所示：

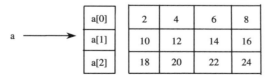

图6-4 一维、二维数组名与数组元素的关系

这里必须注意对 a[i]的正确理解。对于一维数组而言，a[i]是个实实在在占据内存单元的下标变量，它有明确的物理存储地址，而二维数组中引入的 a[i]是个并不占据内存单元的地址常量，它与数组名代表数组的存储首地址完全一样，仅代表一种地址的计算方法。从二维数组的角度来看，a 代表整个二维数组的首地址，即第 0 行第 0 列的地址（&a[0][0]）。若有 a+1，则代表第 1 行的首地址（&a[1][0]）。假设 a 数组的首地址是 2000，那么 a+1 所代表的地址就应是 2008（因为第 0 行有 4 个整型元素，a+1 代表第 1 行的首地址即为 a+4×2=2008）。同理，a+2 代表第 2 行的首地址（&a[2][0]）。

若用 i 表示二维数组 a 的行，则有 a+i 代表二维数组 a 中的第 i 行首列的地址。那么如何来表示 a 数组中的第 i 行的第 j 列地址呢？从二维数组的角度看，a[0]、a[1]、… a[i]是一维数组名，代表二维数组每行的首地址。a[0]和*(a+0)等价，a[1]和*(a+1)等价，a[i]和*(a+i)等价。因此，a[0]+1 和*(a+0)+1 的值都是&a[0][1]，a[1]+2 和*{a+1}+2 的值都是&a[1][2]。

必须说明，以上 a+1 是地址（指向第 1 行首地址），而*(a+1)并不是"a+1 单元的内容"，因为 a+1 并不是一个实际变量，也就谈不上它的内容。*(a+1)就是 a[1]，而 a[1]是一维数组名，所以是地址。以上各种形式都是地址计算的不同表示。

既然 a[0]+1 和*(a+0)＋1 是 a[0][1]的地址，那么*(a[0]+1)就是 a[0][1]的值。同理，*(*(a+0)+1)也是 a[0][1]的值。*(a[i]+j)或*(*(a+i)+j)是 a[i][j]的值。务请记住*(a+i)和 a[i]是等价的。

根据以上分析，a、a+i、*(a+i)、*(a+i)+j、a[i]+j 都是地址。而*(a[i]+j)、*(*(a+i)+j)是二维数组元素 a[i][j]的值。

[例 6-4]　编写程序，采用 2 种方法来输出二维数组 a 的全部元素。

方法一：数组名法

```
main( )
{ int   a[3][4]={{2，4，6，8}，{10，12，14，16}，{18，20，22，24}};
 int i，j;
 for (i=0；i< 3；i++)
   { for (j=0；j< 4；j++)
   printf ("%d   ", *(*(a+i)+j));
   printf ("\ n");
   }
}
```

方法二：利用一维数组的方式输出

```
main( )
{ int   a[3][4]={{2，4，6，8}，{10，12，14，16}，{18，20，22，24}};
 int i，j;
 for (i=0；i< 3；i++)
   { for (j=0；j< 4；j++)
   printf ("%d", *(a[i]+j));
   printf ("\ n");
   }
```

}
程序运行结果:

```
 2    4    6    8
10   12   14   16
18   20   22   24
```

2. 指向二维数组的指针变量　有了二维数组地址的概念后，就可以用指针变量指向二维数组及其元素。

（1）指向数组元素的指针变量

[例 6-5]　用指针变量输出二维数组元素的值。

程序如下：

```
main( )
{ int  a[3][4]={{2，4，6，8}，{10，12，14，16}，{18，20，22，24}};
    int pa;                        /* 定义一个指向整型变量的指针变量 */
    for (pa=a[0]；pa< a[0]+12；pa++)
      { if((pa-a[0])%4 = =0)  printf ("\n");
       printf ("%4d"， *pa);
      }
}
```

程序运行结果:

```
 2    4    6    8
10   12   14   16
18   20   22   24
```

程序中把二维数组作为一维数组来处理。用*pa 来访问各个数组元素的值。If 语句的作用是使一行输出 4 个数据，然后换行。

（2）指向一维数组的指针变量　把二维数组 a 分解为一维数组 a[0]、a[1]、a[2]之后，设 p 为指向该一维数组的指针变量，可定义为:

int (*p) [4];

它表示 p 是一个指针变量,指向包含 4 个元素的一维数组。若 p 指向第一个一维数组 a[0]，其值等于 a，a[0]或&a[0][0]，而 p+i 则指向一维数组 a[i]。从前面的分析可得出*(p+i)+j 是二维数组第 i 行 j 列的元素的地址，而*(*(p+i)+j)则是 i 行 j 列元素的值。

[例 6-6]　输出二维数组任一行任一列元素的值。

程序如下：

```
main()
{ int   a[ 2 ] [ 3 ] = { 1，2，3，4，5，6 };
    int   (*p) [3] ，i，j;
    p=a;
    scanf ("i=%d，j=%d"，&i，&j);
    printf ("a[%d] [%d]=%d\n"，i，j，*(*(p+i)+j));
}
```

程序运行结果:

i=1，j=1

a[1] [1]=5

二维数组中指针变量定义的一般形式为：

     类型名　（*指针变量名）[长度]

其中，"类型名"为所指数组的数据类型，"*"表示其后的变量是指针变量，"长度"表示二维数组的列数。**注意**："（*指针变量）"两侧的括号不能少，若缺少括号，则表示是指针数组。

6.3.3　指针数组

当一个数组的所有元素都是指针时，它就是一个指针数组，即指针数组中的每一个元素都相当于一个指针变量。一维指针数组的定义形式为：

     类型名　*数组名[数组长度]；

例如：int　* p [10]；

上面语句定义了一个一维指针数组，它有 10 个元素，从 p[0]到 p[9]，每个元素都是一个指向整型数据的指针。

注意：不要写成 int（*p）[10]，这是指向一维数组的指针变量。

通常可用一个指针数组来指向一个二维数组。指针数组中的每个元素被赋予二维数组每一行的首地址，因此可理解为指向一个一维数组。例如：

int　a[3] [4]={ 2，4，6，8，10，12，14，16，18，20，22，24}；

int　*p[3]={a[0]，a[1]，a[2] }；

以上定义了一个指针数组 p，有 3 个元素，分别指向二维数组 a 的各行。指针数组元素全部都是地址值。

指针数组常用来指向一组字符串，这时指针数组的每个元素被赋予一个字符串的首地址。例如，有如下定义及赋值：

char * country[ ]={ "China"，"Australia"，"Japan"}；

则 country[0]指向字符串 "China"，country[1]指向字符串 "Australia"，country[2]指向字符串 "Japan"。因此，当需要对一组字符串排序时，只要简单地交换两个元素的地址值，即改变指针的指向就可以完成了。

[**例 6-7**]　利用指针数组排序一组字符串（从小到大）。

程序如下：

```
main ( )
{ char    *country[3]={ "China"，"Australia"，"Japan"}；
  char    *temp；
  int    i，j；
  for (i=0；i<2；i++)
  for (j=i+1；j<3；j++)
  if (strcmp (country[i]，country[j]>0)
    {temp=country[i]；
      country[i]=country[j]；
```

```
            country[j]=temp；
        }
            for (i=0；i<3；i++)
            printf("%s\n"，country[i]);
    }
```

程序运行结果：

Australia

China

Japan

6.4 指针与字符串

C 语言中的字符串是用双引号括起来的若干字符，字符串的结束标志为 '\0'。在前面章节中已经介绍过，字符串是以字符数组的形式来存储的。除此以外，还可以用字符指针来处理字符串。例如：

char str[30]，*ps= str；

以上定义了一个字符数组 str 和一个字符指针变量 ps，并把字符数组的首地址赋给指针变量。也可以不定义字符数组，而直接定义一个字符指针，用字符指针指向字符串中的字符，并把字符串的首地址赋给字符指针变量 ps。例如：

char *ps ="I am a student! "

[例 6-8] 将字符串 a 复制到字符串 b（用 4 种方法实现）。

方法一：用字符数组实现

```
main( )
{ char  a[ ]= "I am a student! "，b[20];
  int   i;
  for (i=0；a[i] != '\0'；i++)
    b[i]=a[i];
    b[i] != '\0';
    printf ("%s"，b);
}
```

方法二：用字符指针实现

```
main( )
{ char *a="I am a student! "，*b;
    int   i;
    for (i=0；*(a+i )!= '\0'；i++)
    *(b+i) = *(a+i);
```

```
      *(b+i) = '\0';
      printf "%s"，b);
   }
```

方法三：用字符指针变量实现

```
main( )
{ char a[ ]= " I am a student! "，b[20]，*pa，*pb;
  pa = a;              /* 指针变量 pa 指向字符串 a 的首地址 */
  pb = b;              /* 指针变量 pb 指向字符串 b 的首地址 */
  for (; *pa!= '\0'; pa++，pb++)
  *pb = *pa;
  *pb= '\0';
  printf ("%s"，b);
}
```

方法四：用字符串复制函数（strcpy）实现

```
  main( )
  { char *a="I am a student! "，*b;
      strcpy（b，a）;
      printf ("%s"，b);
  }
```

虽然用字符数组和字符指针变量都能实现字符串的存储和运算，但它们二者之间是有区别的，不能混为一谈，主要区别有以下几点：

（1）字符数组由若干个元素组成，每个元素中放一个字符，而字符指针变量中存放的是地址（即字符串的首地址）。

（2）赋值方式不同。对字符数组只能对各个元素赋值，不能用以下方法对字符数组赋值。例如：

```
char s[20];
s="I am a student! ";
```

而对字符指针变量，则可以采用下面方法赋值：

```
char   *a;
a="I am a student! ";
```

注意：此处赋给 a 的不是整个字符串，而是字符串的首地址。

（3）对字符指针变量赋初值：

```
char   *a = "I am a student! ";
```

等价于：

```
char   *a;
a="I am a student! ";
```

而对于字符数组初始化：

char   a [20]= "I am a student! ";

不能等价于：

char   a [20];

a [ ]= " I am a student! ";

也就是说，字符数组可以在变量定义时整体赋初值，但不能在赋值语句中进行整体赋初值。

（4）字符指针变量的值是可以改变的，如下列程序：

```
main ( )
   { char  *a = "I am a student! ";
     a = a+7;
     printf ("%s"， b);
   }
```

程序运行结果：

student!

由程序可以看出，指针变量 a 的值可以变化，输出字符串时从变化了的 a 值所指向的单元开始输出各个字符，直到遇到字符串结束符'\0'为止。而字符数组名虽然代表地址，但它的值是不能改变的。下面的写法是错的：

```
char   s[ ] ="I am a student! ";
s=s+7;
printf ("%s \n"， s);
```

6.5 指针与函数

指针变量既可以指向整型变量、数组、字符串，也可以指向函数。一个函数被执行时，在内存中占据一定的空间，这个空间的起始地址称为函数的入口地址，用函数名表示。可以用指针变量指向这个入口地址，并通过该指针变量调用此函数，这种指针变量称为指向函数的指针。它定义的一般形式为：

数据类型   （*指针变量名）（）；

如有定义 int (*p) ( )；则说明 p 是一个指向函数的指针变量，此函数带回整型的返回值。

注意：(*p)两侧的括弧不可省略，表示 p 先与*结合，是指针变量，然后再与后面的（），表示此指针变量指向函数，这个函数值（即函数返回的值）是整型的。

定义了函数指针后，就可以通过它来调用所指向的函数。在调用之前，必须先将函数的入口地址赋给该指针变量。由于函数名代表函数的入口地址，因此给函数指针变量赋值时，只需给出函数名而不必给出参数。

[例 6-9] 从键盘输入 10 个数，找出其中的最小值并输出。

程序如下：

```
# include <stdio.h>
int fmin ( int a[ ]， int n );
   { int  i， min;
```

```
        min = a[0];
        for (i=1; i< n; i++)
        if (min > a[i] )    min=a[i];
        return (min);
        }
    main ( )
    { int (*p) ( );
      int   i, mini, a[10];
      for (i=0; i< 10; i++)
      scanf("% d", &a[ i ]);
      p=fmin;              /*  给指针变量赋初值  */
      mini = (*p) ( a, 10);
      printf ("mini = % d \ n", mini);
    }
```

main( )函数中"p=fmin;"语句是将函数 fmin( )的入口地址赋给指针变量 p，这样指针变量 p 就指向了 fmin( )函数。"mini=(*p)(a, 10);"语句是调用由指针变量 p 指向的 fmin( )函数，实参为(a, 10)，得到的函数返回值赋给 mini。根据程序中对指针变量 p 的定义可以知道，函数的返回值是整型的，因此将其值赋给整型变量 mini 是合法的。

6.6 指向指针的指针

指向指针数据的指针变量，简称为指向指针的指针，也称为二级指针。

指向指针的指针定义的一般形式为：

        类型名   **指针变量名;

例如：char   **p;

p 的前面有两个"*"号。*运算符的结合性是从右到左，因此**p 相当于*(*p)，显然*p 是指针变量的定义形式。*p 前再加一个*号，表示指针变量 p 是指向一个字符型数据的指针变量。

[例 6-10] 指向指针的指针。

程序如下：

```
 main ( )
 { char   c, *p1, **p2;
    p1=&c1;
   *p1= 'B';
    p2 = &p1;
   printf ("% c \t %c \t%c", c, *p1, **p2 );
 }
```

程序运行结果：

        B   B   B

本 章 小 结

1．变量的指针就是变量的地址，指针变量是专门存放指针的变量。在不引起混淆的情况下，指针变量也简称为指针。

2．指针有两个互逆运算符：取地址运算符"&"和取数据运算符"*"。

3．利用数组下标和指针都能实现对数组的访问，但使用指针更方便、灵活，内存空间利用率更高。

4．指针除了可以指向变量、数组，还可以指向函数、字符串等。

5．指针是 C 语言的精华，但也是较难掌握的知识点，它类型繁多，表达方式相似，使用指针时容易发生错误，要特别注意。现把常用的指针变量类型列于表 6-1 中。

表 6-1 常用的指针变量类型

定　义	含　义
int *p	p 为指向整型数据的指针变量
int *p[n]	定义指针数组 p，它由 n 个指向整型数据的指针元素组成
int (*p)[n]	p 为指向含 n 个元素的一维数组的指针变量
int (*p) ( )	p 为指向函数的指针，该函数返回一个整型值
int **p	p 是一个指针变量，它指向一个指向整型数据的指针变量

习 题 6

一、选择题

1．设"int *p, a; p= &a;"这里的运算符"&"的含义是（　　　）。

　　A．位与运算　　　　　　B．逻辑与运算　　　　C．取指针内容　　　　D．取变量地址

2．以下说明

　　　　int a[5] = { 1，2，3，4，5}，*p = a;

数值为 4 的表达式是（　　　）。

　　A．*p+4　　　　　　　B．*(p+3)　　　　　　C．*p+ = 4　　　　　D．p + 3

3．若有二维数组的定义语句：int a[4] [5]，则 a[2] [3] 的地址是（　　　）。

　　A．*(a+2)+3　　　　　B．*(a+2)+4　　　　　C．*(a+3)+3　　　　D．*(a+3)+4

4．以下选项中，对指针变量 p 不正确的操作是（　　　）。

　　A．int a[5]，*pa；pa=&a;

　　B．int a[5]；int *pa = a =2000;

　　C．int a[5]，*pa；pa=a;

　　D．int a[5]；int *pa，*pb= a；*pa = *pb;

5．若有定义：int (*p) [3]；则标识符 p（　　　）。

　　A．定义不合法

　　B．是一个指针数组名，每个元素是一个指向整型变量的指针

C. 是一个指针变量, 它可以指向一个具有三个元素的一维数组

D. 是一个指向整型变量的指针

二、填空题

1. 若有以下定义语句:

int　a[4] = { 2, 4, 6, 8}, *p;

pa = & a[2];

则++(*pa)的值是 _____, *--pa 的值是 _____。

2. 若有定义:

int a[2] [3] ={1, 3, 5, 7, 9, 11};

则　a[1] [0] 的值是_____, *(*(a+1)+0)) 的值是_____,

(&a[0] [0] +2 2+1) 的值是_____, *(a[1] +2) 的值是_____。

3. 以下程序的功能及运算结果是_____。

```
main ( )
{ char  * str[ ] = { };
  char  **p;
   int   i;
   p = str;
   for (i=0; i< 5; i++)
     printf ("% s \ n", *(p++));
}
```

4. 以下程序段的运行结果是_____。

```
#include     <stdio.h>
 main ( )
{ int a[ ] = {2, 4, 6, 8, 10, 12}, *p;
  p = a; * (p +3 ) += 2;
  printf ("% d, %d \n", *p, * (p+3));
}
```

5. 以下程序找出数组中最大值和此元素的下标, 数组元素的值由键盘输入, 请将程序填写完整。

```
#include     <stdio.h>
main ( )
{    int    a[10], *p, *s, i;
     for (i=0; i< 10; i++)
     scanf (" % d ", _____ );
     for ( p = a, s = a; _____ < 10; p++ )
     if ( *p > *s )  s=;
     printf ("max = %d, index =%d \ n", _____, _____);
}
```

上 机 题

一、目的和要求

1. 掌握指针的概念，会定义和使用指针变量。
2. 学会使用数组的指针和指向数组的指针变量。
3. 学会使用字符串的指针和指向字符串的指针变量。

二、练习题

1. 程序定义 3 个整型变量用于存放由键盘读入的 3 个整数。现要求定义 3 个指向整型变量的指针变量，并利用它们实现将存于 3 个整形变量中的 3 个整数值按从小到大顺序输出。

2. 利用指针数组的特性，将 3 个字符串按从大到小的顺序排列输出。

3. 设有 5 个学生，每个学生考 4 门课程，试编写一程序检查学生的考试情况，若有不及格者，输出该学生的序号和其全部课程成绩。

4. 将字符串 a 的所有字符传送到字符串 b 中，要求每传送 3 个字符后就加 1 个空格。例如：字符串 a 为 "abcdefg"，则字符串 b 就为 "abc def g"。

5. 利用指向一维数组的指针变量，对一维数组 a 中凡下标为 3 的整数倍（包括倍数为 0）的数组元素输出其值，即输出 a[0]、a[3]、a[6]……。

第 7 章　结构体、共用体和枚举

7.1　结构体

结构体和共用体与数组一样都属于构造类型。数组的特点是一个变量可以包含多个元素；一个数组变量中的所有元素必须是同一种数据类型。显然，用数组处理大量同类型数据是非常方便的。但是在实际生活中，有许多密切相关的数据需要统一考虑和处理，而它们的数据类型是不同的，如一个学生的档案信息，包括学号、姓名、性别、年龄、学习成绩……，这些数据的类型有整型、字符型、实型等。为了处理由这些不同类型的数据组合成的有机整体，我们引入了一个新的数据类型，称为结构体。

7.1.1　结构体类型与结构体类型的变量

1. 结构体类型的定义　与 C 语言的基本数据类型相同，结构体数据类型也是通过变量的形式来实现。使用结构体要先定义结构体类型，再定义结构体类型变量。

结构体类型定义的一般格式为：

```
struct    结构体名
{    数据类型    成员名 1;
     数据类型    成员名 2;
         …            …
     数据类型    成员名 n;
};
```

其中，struct 是定义结构体类型的关键字。"结构体名"是该结构体的名称，是设计者自己命名的，其命名规则与标识符的命名规则相同。由 struct 和"结构体名"二者组成结构体类型标识符，花括号内列出了该结构体中各成员变量类型及名称。一个结构体由多个成员变量构成，每个成员变量的类型可以是任何数据类型。例如，定义一个有关学生信息的结构体类型，如下所示：

```
struct student
  { long    num;
    char name[20];
    char sex;
    int age;
    float score;
  };
```

注意：不要忽略最后的分号。这里的 student 是结构体名。student 结构体包含五个成员变量 num（学号）、name（姓名）、sex（性别）、age（年龄）、score（学习成绩），每一个成员变量都有自己的数据类型。应当说明，struct student 是一个类型名，它和系统提供的标准类型（如 int、char、float、double 等）具有同样的地位和作用，也可以用来定义变量的类型。

2．结构体类型变量的定义　前面的结构体类型定义后，其中并无具体数据，系统不为其分配实际内存单元，为了能使用结构体类型的数据，应当定义结构体类型的变量，简称结构体变量。结构体变量的定义方式有三种。

（1）先定义结构体类型，再定义结构体变量

定义的一般格式为：

　　　struct　结构体名　结构体变量名表列；

　　例如：

struct student stu1，stu2；

　　其中，"struct　student"是前面已经定义过的结构体类型，stu1、stu2 为 struct student　类型的变量，即它们具有 struct　student 类型的结构（见图 7-1）。

stu1：	num	name	sex	age	score
	102401	Ding Yi	M	18	94.5

stu2：	102402	Li Jie	F	19	90.5

图7-1　结构体变量定义示例

在定义了结构体变量后，系统将为之分配内存单元。例如，stu1 和 stu2 在内存中各占 31 个字节（4＋20＋1＋2＋4＝31）。

（2）在定义结构体类型的同时定义结构体变量

定义的一般格式为：

　　　struct　结构体名

　　　　{

　　　　　结构体成员表；

　　　　} 结构体变量名表；

　　　例如：

　　　struct　student

　　　　{ long　num；

　　　　　char　name[20]；

　　　　　char　sex；

　　　　　int　age；

　　　　　float　score；

　　　　} stu1，stu2；

这里定义的 stu1、stu2 是两个 struct　student 类型的变量。

（3）直接定义结构体变量

定义的一般格式为

　　　struct

```
        {
            结构体成员表列;
        } 结构体变量名表列;
```

例如:

```
struct
    {   long    num;
        char    name[20];
        char    sex;
        int     age;
        float   score;
    } stu1, stu2;
```

这种定义形式省略了结构体名。

7.1.2 结构体变量的引用与初始化

1. 结构体变量的引用   由于结构体变量中包含若干不同数据类型的成员项,为了引用变量中的某一个成员,必须指明该成员属于哪一个变量。对结构体变量的引用是通过对其成员的引用来实现的。

引用结构体变量中成员的方式为:

结构体变量名. 成员名

"·"是成员运算符,它在所有的运算符中优先级最高。如 stu1.num 表示 stu1 变量中的 num 成员,可以对变量成员赋值,例如: stu1.num=102401;

引用结构体变量应该遵守以下规则:

(1)不能将一个结构体变量作为一个整体进行输入和输出。例如:

printf("%ld, %s, %c, %d, %f\n", stu1);

是错误的。只能对结构体变量中的各个成员分别进行输入和输出,例如:

scanf("%ld\n", &stu1.num);

(2)如果成员本身又属于一个结构体类型,则要用若干个成员运算符,一级一级地找到最低的一级的成员,只能对最低级的成员进行赋值或存取以及运算。例如:在学生档案信息中再增加一个出生日期的成员(birthday),它又包括三个成员:month(月)、day(日)、year(年),如图 7-2 所示。

num	name	sex	age	score	Birthday		
					month	day	year

图7-2 结构体变量的引用示例

例如,有如下定义:

```
struct   date                    /*定义一个结构体类型*/
    {  int    month;
       int    day;
       int    year;
    };
```

```
struct    student
   {
       long    num；
       char    name[20]；
       char    sex；
       int    age；
       struct    date    birthday；    /* birthday 是 struct date 类型 */
   } stu1，stu2；
```

可以这样访问各成员：

stu1.num

stu1.birthday.year

（3）对结构体变量的成员可以像普通变量一样进行各种运算（根据其类型决定可以进行的运算）。

例如：

stu1.age=18；

stu2.age=++stu1.age；

由于 "." 运算符的优先级别最高，因此++stu1.age 等价于++（stu1.age），即为对 stu1.age 进行自加运算后赋给 stu2.age。

（4）既可以引用结构体变量成员的地址，也可以引用结构体变量的地址。例如：

scanf("%f\n"，&stu1.score)；　　　　　　　/* 输入 stu1.score 值 */

printf("%x\n"，&stu1)；　　　　　　　　　/* 输出 stu1 的首地址 */

结构体变量的地址主要用于作函数参数，传递结构体变量的地址。

2．结构体变量的初始化　结构体变量的初始化与数组的初始化非常相似，即在定义结构体变量的同时为其成员赋初始值，把各成员的值按顺序放在等号右边的花括号中，各值之间用逗号隔开。

[例 7-1]　建立一个学生的信息表，对结构体变量初始化。

程序如下：

```
#include   <stdio.h>
main( )
{ struct    student
     { long    num；
      char    name[20]；
      char    sex；
      int    age；
      float    score；
      };
  struct    student    stu1={102401, "Ding Yi" , "M"，18，94.5 }；
  printf ("No.=%ld, Name=%s, sex=%c, age =%d, score=%.2f \n", stu1.num, stu1.name,
          stu1.sex，stu1.age，stu1.score)；
```

```
}
```
程序运行结果：

No.=102401，Name=Ding Yi，sex =M，age=19，score= 94.50

7.1.3 数组

数组的元素也可以是结构体类型的，这样就构成了结构体数组。结构体数组的每一个元素都是具有相同结构体类型的结构体变量。在实际应用中，经常用结构体数组来表示具有相同数据结构的一个群体。如一个班的学生档案，一个单位的职工的工资表等。

1．结构体数组的定义　结构体数组的定义方法与结构体变量的定义方法相似，只要在结构体变量名后面加上数组维界说明符即可。例如：

```
struct   student
    { long   num;
       char   name[20];
       char   sex;
       int   age;
       float   score;
    } stu[40];
```

定义了一个结构体数组 stu，它包含 40 个元素 stu[0]～stu[39]，每个数组元素都是 struct student 类型的结构体形式。

2．结构体数组的初始化　结构体数组的初始化与数组的初始化一样。例如：

```
struct   student
    { long   num;
       char   name[20];
       char   sex;
       int   age;
       float   score;
    };
```

struct   student   stu[3]={{102401，"Ding Yi"，"M"，18，94.5 }，{102402，"Li Jie"，"F"，19，90.5 }，{102403，"Li Ming"，"M"，18，88.0} };

当整个数组中各元素都有初始化数据时，内层花括号可以省略。另外，数组的长度也可以省略。

3．结构体数组元素的引用　结构体数组的每个元素相当于一个结构体变量，因此引用结构体数组元素的成员与引用结构体类型变量的成员的方式相似。

引用一个结构体数组元素的成员变量的格式为：

　　　　　结构体数组名[下标]. 成员名

例如：

stu[0].num 表示结构体数组下标为 0 的元素中成员 num 的值，即 102401。

stu[1].age 表示结构体数组下标为 1 的元素中成员 age 的值，即 19。

stu[2].score 表示结构体数组下标为 2 的元素中成员 score 的值，即 88.0。

[例 7-2]　使用结构体数组计算学生的平均成绩。

程序如下：

```
struct    student
    { int    num;
      char    name[10];
      float    score;
    } stu[5] ={{101，"Wang Ping"，80.5}，
            {102，"Huang Hao"，90}，
            {103，"Xue Ping"，70.5}，
            {104，"Zhao Mei"，75 }，
            {105，"Jia Ming"，62.5}}；
main( )
    {   int i;
        float    ave，sum=0;
        for( i =0; i <5; i++)
            sum+=stu[i].score;
        ave=sum/5;
        printf("average=%f \ n "， ave);
    }
```

本例程序中定义了一个外部结构体数组 stu，共 5 个元素，并作了初始化赋值。在 main( ) 函数中用 for 语句逐个累加各元素 score 成员值存于 sum 中，循环完毕后计算平均成绩并输出。

7.1.4　结构体指针

结构体指针就是一个指向结构体类型数据的指针，用来指向结构体变量。指向结构体变量的指针就是该变量所占据的存储单元的起始地址。定义一个变量让它存放这个起始地址，那么，这个变量就是该结构体变量的指针变量，简称为结构体变量指针。结构体指针变量也可以用来指向结构体数组中的元素。

1．结构体变量指针

（1）结构体变量指针的定义

其定义格式为：

　　　struct 结构体名 *结构体指针名；

例如：

struct   student   *ptr，stu1；

这里定义了一个 struct student 类型的指针 ptr 以及一个结构体变量 stu1，其中 struct student 为已经定义过的结构体类型。

（2）结构体变量指针的初始化

结构体变量指针的初始化就是把结构体变量的首地址赋给它，

例如：

struct　student　* ptr = &stu1；

或　struct　student　* ptr；

ptr = & stu1；

表示结构体指针 ptr 中将存放结构体变量 stu1 的起始地址。

（3）结构体变量指针的使用

利用结构体变量指针可以方便地引用结构体变量成员。其引用的一般形式为：

（*结构体指针变量名）. 成员名

或：　　　　结构体指针变量→ 成员名

例如：

（*ptr）. num　或者　ptr→num

其中，"*"是间接访问运算符；"."是取成员运算符；"→"是指向运算符，表示指针的指向。由于"."运算符的优先级高于"*"，所以（*ptr）两侧的括号不能省略。"→"运算符的优先级与"."相同都是最高级。

由此，引用结构体变量的成员有 3 种形式，且它们三者是等价的。

① 结构体变量. 成员名；

②（*ptr）. 成员名；

③ ptr→成员名。

其中，ptr 是已定义的指向结构体的指针变量。

[例 7-3]　利用结构体指针变量来处理一个学生的信息。

程序如下：

```c
#include <stdio.h>
struct　student
    { long　num；
      char　name[10]；
      char　sex；
      float　score；
    } stu={102401，"Wang Ping"，'M'，80 }，* ptr；
  main( )
{   ptr =& stu；
    printf ("No.=%d\n　Name=%s \ n"，stu. num，stu.name)；
    printf ("Sex = %c \ n　Score=%2f \ n \ n"，stu. Sex，stu.score)；
    printf ("No.=%d\n　Name=%s \ n"，(*ptr). num，(*ptr).name)；
    printf ("Sex = %c \ n　Score=%2f \ n \ n "，(*ptr). sex，(*ptr).score)；
    printf ("No.=%d\n　Name=%s \ n"，ptr→num，ptr→name)；
    printf ("Sex = %c \ n　Score=%2f \ n \ n "，ptr→sex，ptr→score)；
};
```

程序运行结果：

No.=102401

Name = Wang Ping

Sex = M

Score = 80.00

No.=102401

Name = Wang Ping

Sex = M

Score = 80.00

No.=102401

Name = Wang Ping

Sex = M

Score = 80.00

　　本例程序定义了一个结构 student，定义了 student 类型结构变量 stu 并作了初始化赋值，还定义了一个指向 student 类型结构的指针变量 ptr。在 main 函数中，ptr 被赋予 stu 的地址，因此 ptr 指向 stu。然后在 printf 语句内用三种形式输出 stu 的各个成员值。 从程序的运行结果可以看出：

　　① 结构体变量.成员名

　　②（*结构体指针变量）成员名

　　③ 结构体指针变量→成员名

　　这三种用于表示结构成员的形式是完全等效的。结构体指针变量可以指向一个结构体数组，这时结构体指针变量的值是整个结构体数组的首地址。结构体指针变量也可指向结构体数组的一个元素，这时结构体指针变量的值是该结构体数组元素的首地址。

　　2．结构体数组指针　一个结构体变量指针不仅可以指向结构体变量，也可以指向结构体数组，这种指向结构体数组的指针就是结构体数组指针。

　　（1）结构体数组指针的定义

　　结构体数组指针的定义方法与结构体变量指针的定义方法类似，只要把结构体数组的首地址赋给该指针变量即可。

　　例如：

```
struct    student
    {   long    num；
        char    name[20]；
        int    age；
        float    score；
    } stu = [40]，* ptr = stu；
```

这样，结构体指针变量 ptr 就指向了结构体数组 str，数组名 str 代表数组的首地址。

　　（2）结构体数组指针的使用

　　设 ptr 为指向结构体数组的指针变量，则 ptr 指向该结构体数组的第 0 号元素，ptr+1 指向第 1 号元素，ptr+i 则指向第 i 号元素。这与普通数组的情况是一致的。

[例 7-4] 用结构体指针变量输出结构体数组各成员的值。

程序如下：

```
#include <stdio.h>
struct   student
  {  long   num;
     char   name[20];
     float   score;
  } stu[3]={{102401，"Wang Ping"，45};
           {102402，"Huang hao"，90.5};
           {102403，"Zhao Mei"，80.5}};
main( )
  { struct   student   *ptr;
  printf ("No. \t\t   Name=\t\t   Score\n"   );
  for (ptr = stu；ptr <stu + 3；ptr ++)
  printf("%1d d %14s%10.1f\n"，ptr→num，ptr →name，ptr→score);
  }
```

程序运行结果：

No.	Name	Score
102401	Wang Ping	45.0
102402	Huang Hao	90.5
102403	Zhao Mei	80.5

程序中定义了 struct student 结构体数组 stu 并作了初始化赋值，在 main 函数内定义 ptr 为指向 student 类型的结构体数组指针变量。在循环语句 for 的表达式 1 中，ptr 被赋予结构体数组 stu 的首地址，然后循环 3 次，输出 stu 数组中各成员的值。

注意：一个结构指针变量虽然可以用来访问结构体变量结构体数组元素的成员，但是，不能使它指向某一个成员。也就是说，不允许将某一个成员的地址赋予它。因此，下面的赋值是错误的：

> ptr = & stu[1] ． score；

指针变量 ptr 只能赋予数组首地址。

7.1.5 结构体与函数

在实际编程中，可以用结构体变量和结构体指针变量作为函数参数，以实现函数之间的数据传递。常用的有以下三种方法：

（1）结构体变量的成员作函数参数 结构体变量的成员可作为函数参数，例如，用 stu. num 或 stu. name 作函数实参，将实参值传给形参。用法和用普通变量作实参是一样的，属于"值传递"方式。应当注意，实参与形参的类型应保持一致。

（2）结构体变量作函数参数 用结构体变量作函数参数，取的是"值传递"的方式，将结构体变量所占的内存单元的内容全部顺序传递给形参。形参也必须是同类型的结构体变量。在函数调用期间形参也要占用内存单元。这种传递方式在空间和时间上开销较大，严重地降低了程序的效率，因此这种方法较少使用。

（3）用结构体指针变量作函数参数　　用结构体指针变量作函数参数进行传送，这时由实参传向形参的只是地址，从而减少了时间和空间的开销，使程序效率提高。

[例 7-5]　使用结构体指针变量作函数参数编程，计算一组学生的平均成绩。

程序如下：

```
struct    student
{   long   num;
    char    name[20];
    float    score;
        } stu[3]={{102401，"Wang Ping"，45};
              {102402，"Huang hao"，90.5};
              {102403，"Zhao Mei"，80.5};
              };
main( )
    { struct   student   *ptr;
      void   ave ( struct   student   *ptr );
      ptr = stu;
      ave (ptr );
    }
    void   ave (struct   student   *ptr)
      {int    i;
        float    ave, sum=0;
        for (i = 0；i < 3；i ++，ptr ++)
        sum + = ptr→score;
        ave = sum / 3;
        printf (" average = % .2f \ n "，ave );
      }
```

程序运行结果：

average = 72.00

此程序中定义了函数 ave，其形参为结构体指针变量 ptr，stu 被定义为外部结构体数组，因此在整个源程序中有效。

7.2　共用体

共用体（或称联合），也属于构造类型。共用体类型的定义和变量的定义方式与结构体定义方式相似。但它们的含义不同，结构体变量中的成员占据独立的内存空间，而共用体变量中的所有成员占用同一段内存空间，在同一时刻，共用体只有一个成员变量是可用的，结构体变量所占内存长度是各成员占的内存长度之和，而共用体变量所占的内存长度等于最长的成员的长度。

　1. 共用体类型的定义　共用体类型定义的一般格式为：

　　　union　共用体名
　　　　{　数据类型　共用体成员名 1；
　　　　　数据类型　共用体成员名 2；
　　　　　…　　　　　…
　　　　　数据类型　共用体成员名 n；
　　　　} ;

　例如：

　　　union　data
　　　　{ int　i；
　　　　　char　j；
　　　　　float　k；
　　　　　};

　其中，union 是关键字，是共用体类型的标志。data 是共用体名，其命名规则与标识符的命名规则相同。这个定义中有 3 个共用体成员，它们类型不同，所占用的字节数也不同。当共用体类型定义之后，即可进行共用体变量的定义。

　2. 共用体变量的定义　定义共用体变量与定义结构体变量相似，也有 3 种方式。

　（1）定义共用体类型的同时定义共用体变量

　例如：

　　　union　data
　　　　{ int　i；
　　　　　char　j；
　　　　　float　k；
　　　　} m，n，p；

　其中，m、n、p 为共用体类型变量，它们存放在同一个地址开始的内存单元中，且该内存单元的长度等于最长的成员的长度 4 字节（因为一个 float 型变量占 4 个字节）。

　（2）先定义共用体类型再定义共用体变量

　例如：

　　　union　data
　　　　{ int i；
　　　　　char　j；
　　　　　float　k；
　　　　}
　　　union　data　m，n，p；

　以上先定义一个 union data 类型，再将 m，n，p 定义为 union data 类型。

　（3）直接定义共用体变量

　例如：

　　　union

```
    {   int   i;
        char  j;
        float  k;
    } m，n，p;
```

这种方式不需要给出共用体名，而直接给出共用体类型并定义共用体变量。

3．共用体变量的引用方式　只有先定义了共用体变量才能引用它。而且不能仅引用共用体变量，只能引用共用体变量中的成员。引用共用体变量的格式为：

共用体变量名．成员名

例如前面定义的 m、n、p 为共用体变量，下面的引用方式是正确的：

m. i

m. j

m. k

而下面的引用方式是错误的：

printf ("%d\n"；m)；

因为根据定义，m 的存储区有 3 种类型：int 型、char 型、float 型，若仅写共用体变量名 m，则系统无法确定究竟输出的是哪一个成员的值，所以应写成 printf ("%d\n"，m.i)或 printf ("% c\ n"，m.j) 等。

4．共用体类型数据的特点　在使用共用体类型数据时要注意以下一些特点：

（1）同一个内存段可以用来存放不同类型的成员，但在每一瞬时只能存放其中的一种，也就是说每一瞬时只有一个成员起作用，其他的成员不起作用。

（2）共用体变量中起作用的成员是最后一次存放的成员，在存入一个新成员后原有的成员就失去作用。如有以下赋值语句：

m.i = 1；

m.j = '6'；

m.k = 9.5；

在连续完成以上 3 个赋值运算后，只有 m.k=9.5 是有效的，m.i 和 m.j 已无意义了。此时用 printf ("%d"，m.i)是不行的，而用 printf ("%f"，m.k)是可以的。因此，在引用共用体变量时应十分注意，当前存放在共用体变量中的究竟是哪个成员。

（3）共用体变量的地址和它的各成员的地址都是同一地址。例如：&m、&m.i、&m.j 和 &m.k 都是同一地址值。

（4）不能单独引用共用体变量名，而必须带有成员名，即采用"共用体变量名.成员名"的形式。

（5）不能在定义共用体变量时对它初始化。

例如，下面的写法是错误的：

```
union
    {
        int   no;
        char   score;
        float   score;
```

```
} student   = {1001，"LiMing"，82.5 };
```

（6）共用体变量不能作为函数参数，也不能使函数带回共用体变量，但可以使用指向共用体变量的指针。

（7）共用体成员可以有结构体类型，反之，结构体成员也可以有共用体类型，数组也可以作为共用体的成员。

（8）可以定义共用体数组。

[例 7-6] 编写一程序，读入若干个人员的数据，其中有学生和教师。学生数据包括：姓名、号码（代表学生的学号）、性别、职业、班级。教师数据包括：姓名、号码（代表教师的工号）、性别、职业、系别。

[分析]将每个人员的数据设计成结构体。由于学生数据中的班级和教师数据中的系别类型不同，故使用"共用体"数据结构进行统一的输入输出。

程序如下：

```
#include <stdio.h>
#define N 10
struct
    {
        int num;
        char name[10];
        char sex;
        char job;
        union {
                int class;               /*定义班级成员*/
                char dept[10];           /*定义系别成员*/
              }body;
    }person[N];
void main( )
  {
    int I;
    for (i=0；i<N；i++)                    /*输入 N=10 个人员的数据*/
   {scanf("%d %s %c %c"，&person[i].num，person[i].name，&person[i].sex，&person[i].job);
    if (person[i].job= = 'S' )            /*职业是学生*/
       scanf ("%d"，&person[i].body.class);   /*输入班级*/
    else if (person[i].job= = 'T')       /*职业是教师*/
       scanf ("%s"，person[i].body.dept);    /*输入系别*/
         else
             printf ("Input error\n");
   }
    printf ("num name sex job class/dept\n");
      for (i=0；i<N；i++)                  /*输出 N=10 个人员的数据*/
```

```
        { if (person[i].job= = 'S')
            printf ("%-6d%-10s%-3c%-3c%-6d\n"，person[i].num，person[i].name，
                    person[i].sex，person[i].job，person[i].body.class)；
          else
            printf ("%-6d%-10s%-3c%-3c%-6s\n"，person[i].num，person[i].name，
                    person[i].sex，person[i].job，person[i].body.dept)；
        }
    }
```

　　该程序用 1 个结构体数组 person 来存放人员数据，该结构共有 5 个成员。其中成员项 body 是一个共用体类型，它由两个成员组成：一个为整型量 class，一个字符数组 dept。在程序的第 1 个 for 语句中，输入人员的各项数据，先输入结构的前 4 个成员 num、name、sex、job，然后判别 job 成员项，若为"S"则对共用体 body.class 输入，否则为"T"则对共用体 body.dept 输入。

　　在用 scanf 语句输入时要注意，凡为数组类型的成员，无论是结构成员还是联合成员，在该项前不能再加"&"运算符。如程序第 18 行中 person[i].name 是一个数组类型，第 22 行中的 person[i].body.dept 也是数组类型，因此在这两项之间不能加"&"运算符。程序中的第 2 个 for 语句用于输出各成员项的值。

7.3　枚举

　　如果一个变量只有几种可能的值，可以定义为枚举类型。所谓"枚举"是指将变量的值一一列举出来，变量的值只限于列举出来的值的范围内。例如：表示月份的数据只能是 1 到 12 之间的整数，表示颜色的数据取值只能是红、黄、蓝等颜色。

　　1. 枚举类型的定义　　枚举类型定义的一般格式为：

　　　　enum　枚举类型名　{ 枚举值列表 }；

　　例如：

　　enum　　month {Jan，Feb，Mar，Apr，May，Jun，Jul，Aug，Sep，Oct，Nov，Dec }；
　　enum　　week {Sum，Mon，Tue，Wed，Thu，Fri，Sat }；

　　以上是定义月份和星期的枚举类型。其中，enum 是关键字，说明这是枚举类型。花括号内的内容是枚举类型的取值，必须列出所有可能的取值。花括号中的名字是用户指定的，相当于一个常量，可以在程序代码中直接使用。系统自动为每个枚举值分配一个编号，从 0 开始以 1 为单位递增。即上例中 Sum 的编号为 0，Mon 的编号为 1，如此类推。但 C 语言不允许直接使用数值作为枚举值，如下面的定义是不合法的：

　　enum　　week { 0，2，3，4，5，6 }；

　　但可以在类型定义时对枚举值显式分配编号，如有定义：

　　enum　　color { red = 2，yellow，green，black，blue = 9 }；

　　则枚举值 red 的编号为 2，yellow 的编号为 3，green 的编号为 4，black 为 5，而 blue 的编号为 9。没有显示写出编号的枚举值的编号以前一个的编号为准以 1 为单位递增。

　　2. 枚举类型变量的定义　　枚举类型变量定义的一般格式有 3 种：

① enum　枚举类型名　{　枚举值列表　}　枚举变量表；

② enum　枚举类型名　枚举变量表；

③ enum｛　枚举值列表　}　枚举变量表；

例如：

enum　week { Sum，Mon，Tue，Wed，Thu，Fri，Sat } wk；

enum　week　wk；

enum { Sum，Mon，Tue，Wed，Thu，Fri，Sat } wk；

上述第 3 种枚举类型变量的定义方式必须在它之前先定义好枚举类型 week。

3．枚举类型变量的使用规则

（1）枚举变量的取值只能是指定的若干个枚举值之一。

假设 month 和 week 已定义为枚举类型，则下面的语句是正确的：

enum　month　mth；

enum　week　wk；

mth = Jan；

mth = Oct；

wk = Fri；

wk = Sat；

printf ("%d \t %d"，mth，wk)；

则 printf ( )函数的输出结果为：

　　　　　　　9　　　　　6

这是因为 month 枚举类型中 Oct 的值为 9，而在 week 枚举类型中 Sat 的值为 6。

（2）不允许直接将一个整型数赋值给一个枚举变量，因为它们属于不同的类型。

如语句"wk=1；"是不对的。要想进行此类操作，应先进行强制类型转换才能赋值。

例如：

wk = (enum week) 1；

它是将编号为 1 的枚举值赋给枚举变量 wk，相当于："wk = Mon"

（3）枚举值可以进行比较。比较的规则是按其在定义时的编号比较。如果定义时未指定，则按系统缺省的顺序编号比较，即第一个枚举值为 0。例如：

enum week { Sum，Mon，Tue，Wed，Thu，Fri，Sat } wk；

enum week wk1，wk2；

　　　　wk1=Mon；wk2=Tue；

　　　　if （ wk1 < wk2)

　　　　printf (" wk1 is earlier than wk2")；

[例 7-7]　枚举变量的应用。

程序如下：

```
#include <stdio.h>
 enum week { Sum=3，Mon，Tue，Wed，Thu，Fri，Sat } wk1= Sum，wk2；
 enum week wk3= Mon；
 main()
```

```
{
    int wk[7];
    wk2= Thu；
    if (wk3= =Mon)
        {   wk[Sum]=((int)wk2+(int)wk1；
            printf("%d\n"，wk[Sum]);
        }
}
```

程序运行结果：

8

程序中定义了一个枚举类型 week，它包含 7 个枚举值 Sum、Mon、Tue、Wed、Thu、Fri 和 Sat，其值分别为 3、4、5、6、7、8 和 9。另外定义了 wk1、wk2、wk3 为枚举类型 week 的变量，根据定义及对变量的赋初值，wk1= Sum ，即 wk1=3；wk2=Tue，即 wk2=5。枚举变量参与运算前被强制转换成整型，所以 wk[3]=5+3=8。

7.4　用 typedef 定义类型名

除了可以直接使用 C 语言提供的标准类型名（如 int、char、float、double、long 等）和自己定义的结构体、共用体、指针、枚举类型外，还可以用 typedef 定义新的类型名来代替已有的类型名。其定义格式为：

typedef　已有类型名　新类型名；

其中，已有类型名是指系统提供的标准类型名或已定义过的其他类型名。

例如：

typedef　　　int　INTEGER；

typedef　　　enum {RED，GREEN，BLUE} COLOR；

typedef　　　char　*CHP；

以上语句定义了 INTEGER、COLOR 及 CHP 新类型，并指定 INTEGER 代表 int 类型，COLOR 代表枚举类型，CHP 代表字符型指针类型。利用以上类型定义，可定义变量如下：

INTEGER　x，y；　　　　　　/* 定义 int 类型变量 x 和 y */

COLOR　c1，c2；　　　　　　/* 定义两个枚举变量 c1 和 c2 */

CHP　cp1，cp2；　　　　　　/* 定义字符指针变量 cp1 和 cp2 */

在用 typedef 自定义类型名时，习惯上用大写字母表示，以便与系统提供的标准类型名相区别。使用 typedef 定义类型名可使编程书写简洁、方便。

本 章 小 结

1. 结构体是 C 语言特有的数据类型。结构体由多个成员变量组成，每个成员变量的数据类型可以是 C 语言的任何数据类型。结构体是一个整体的概念，不可以直接操作。结构体的成员变量才是具体的操作对象，一个结构体成员是通过在结构体名和成员名之间放一个结构体成员运算符 "." 访问。

2．共用体与结构体有很多的相似之处，它们都由成员组成。成员可以具有不同的数据类型。成员的表示方法相同，都可用 3 种方式作变量说明。共用体与结构体的主要区别是结构体的成员变量互相独立，各成员都占有自己的内存空间，它们是同时存在的。一个结构变量的总长度等于所有成员长度之和。而共用体的多个成员变量共享同一个内存空间，所有成员不能同时占用它的内存空间，因此一次只能使用共用体的一个成员，共用体变量的长度等于最长的成员的长度。

3．枚举类型适合用于表示如颜色、月份、星期等有限定范围的数据。

4．可以用 typedef 定义新的类型名来代替已有的类型名。

习　题　7

一、选择题

1．C 语言结构体类型变量在程序执行期间＿＿＿＿＿＿＿＿。
  A．所有成员一直驻留在内存
  B．只有一个成员驻留在内存中
  C．部分成员驻留在内存中
  D．没有成员驻留在内存中

2．有如下定义：

```
struct data
  { int no;
    char name[20];
    char sex；
  struct
    { int year，month，day；} birthday;
      };
    struct data a;
```

对结构体变量 a 的出生年份赋值时，下面正确的赋值语句是＿＿＿＿＿＿＿＿。
  A．year=2004；
       B．birthday.year=2004；
  C．a.birthday.year=2004；
    D．a.year=2004；

3．以下程序运行的结果是＿＿＿＿＿＿＿＿。

```
struct  stu
  {  int   x;
     int   *y;
  } *p;
  int   dt[4]={ 10，20，30，40 };
  struct  stu   a[4]={50，&dt[0]，60，&dt[1]，70，&dt[2]，80，&dt[3] };
```

```
main()
    {   p=a;
        printf("%d，"，++p→x);
        printf("%d，"，(++p)→x );
        printf("%d\n"，++(*p→y) );
    }
```

　　A．10，20，20　　B．50，60，21　　C．51，60，21　　D．60，70，31

4．C 语言共用体类型变量在程序运行期间_____。

　　A．所有成员一直驻留在内存

　　B．只有一个成员驻留在内存中

　　C．部分成员驻留在内存中

　　D．没有成员驻留在内存中

5．以下对枚举类型名的定义中正确的是_____。

　　A．enum color={red，blue，green};

　　B．enum color {red=1，blue=4，green};

　　C．enum color={"red"，"blue"，"green"};

　　D．enum color {"red"，"blue"，"green"};

二、填空题

1．以下程序的运行结果是_____。

```
struct ks
    { int a；int b；};
main()
    { struct ks s[4]，*p；
      int n=1，i；
      for (i=0；i<4；i++)
        { s[i].a=n；
          s[i].b=&s[i].a；
          n=n+2；
        }
      p=&s[0]；
      printf("%d，%d\n"，++(*p→b)，*s[2]→b)；
    }
```

2．设有以下结构体说明和变量定义，则变量 s 在内存中所占字节数是_____。

```
struct stud
    {   char a[5]；
        int b[10]；
        double c；
    } a；
```

3．下面程序的输出结果是_____。

```
main()
  { union example
      { struct
          { int x;
              int y;
          }in;
          int a;
          int b;
      }e;
      e.a =1；e.b =2；
      e.in.x =e.a * e.b；
      e.in.y =e.a+e.b；
      printf ("%d，%d"，e.in.x，e.in.y);
  }
```

4．读下面程序，如果输入字符串 sister，则输出结果是_____。

```
#include <stdio.h>
#include <string.h>
struct family { char *name；
                int age；
                char *profession；
              };
struct family zhou[]={   {"father"，41，"doctor"}，{"mother"，38，" teacher "}，
                        {"sister"，12，"student"}，{"brother"，10，"student"}，};
main()
  { char s[20];
    int i；
    printf ("Input name: ");
    scanf ("%s"，s);
    for (i=0；i<4；i++)
        if ( strcmp(s，zhou[i].name)= =0)
        printf("%s，%d，%s\n"，zhou[i].name，zhou[i].age，zhou[i].profession);
    }
```

5．设有三人的姓名和年龄存放在结构数组中，以下程序输出三人中年龄居中者的姓名和年龄，请将程序填写完整。

```
struct   man
    { char name[20]；
      int age；
```

```
    }person[]={"Jane"，10，"Alice"，15，"Merry"，16}；
main()
    { int i，j，max，min；
      max=min=person[0].age；
      for (i=1；i<3；i++)
        if (person[i].age>max)_____；
        else if (person[i].age<min)_____；
      for (i=1；i<3；i++)
        if (person[i].age!=max_____person[i].age!=min)
          { printf("%s %d\n"，person[i].name，person[i].age)；
            break；
          }
    }
```

上　机　题

一、目的和要求

1．掌握结构体类型变量的定义和使用方法。

2．学会共用体的概念与使用方法。

3．学会枚举的概念和使用方法。

二、练习题

1．一个同学的通讯录由以下几项数据组成：姓名、地址、邮政编码和电话号码。试利用结构体类型编程建立此通讯录并输出。

2．要求从键盘输入 5 个学生的基本数据包括学号、姓名、性别以及一门单科成绩，试计算单科总分和平均成绩，统计不及格人数，并输出结果。

3．定义一个结构体变量（包括年、月、日），计算该日在本年中是第几天？注意闰年问题。

4．在一个盒子中有若干红、绿、蓝、白 4 种颜色的球，要求先后取出两球，且两球颜色不同。试编程统计其取法共有多少种。

第8章 文 件

在程序运行时，程序本身和数据一般都存放在内存中。当程序运行结束后，存放在内存中的数据被释放。如果需要长期保存程序运行所需的原始数据或程序运行产生的结果，就必须以文件形式存储到外部存储介质上。

文件是指存放在外部存储介质上的数据集合。为标识一个文件，每个文件都必须有一个文件名，其一般结构为：主文件名[扩展名]

文件可以从不同的角度进行分类：

（1）根据文件的内容，可分为程序文件和数据文件，程序文件又可分为源文件、目标文件和可执行文件。

（2）根据文件的组织形式，可分为顺序存取文件和随机存取文件。

（3）根据文件的存储形式，可分为 ASCII 码文件和二进制文件。

C 语言将文件看作是由一个一个的字符（ASCII 码文件）或字节（二进制文件）组成的。将这种文件称为流式文件。而在其他高级语言中，组成文件的基本单位是记录，对文件操作的基本单位也是记录。

8.1 文件的打开与关闭

对文件进行操作之前，必须先定义文件类型指针，再打开该文件；使用结束后，应立即关闭，以免数据丢失。

C 语言规定了标准输入输出函数库，用 fopen()函数打开一个文件，用 fclose()函数关闭一个文件，函数原型均在头文件 stdio.h 中。

8.1.1 文件的打开 ——fopen()函数

1. 用法

FILE *fp;　　　　/* 定义文件类型指针 fp */

fp=fopen（"文件名"，"操作方式"）;　　/* fopen( )函数返回的文件指针赋给 fp */

其中：

（1）"文件名"中一般应指明文件所在路径。例如：

fopen("c:\\Turboc2\\user\\filename"，"操作方式");

注意：双反斜杠 "\\" 是转义字符，表示反斜杠 "\"。

也可以缺省路径为 Turboc2 目录下，例如：

fopen("aaa"，"操作方式");

其中未指明文件所在路径，如果 Turboc2 安装在 C 盘根目录下，则缺省路径为 c:\Turboc2\aaa。

（2）操作方式有如下几种（见表 8-1）。

表 8-1 文件操作方式一览表

ASCII 码文件的打开方式	二进制文件的打开方式	含　　义	备　　注
r	rb	只读	文件已存在
w	wb	只写	无则建，有则删
a	ab	向文件尾追加数据	文件已存在
r+/a+	rb+/ra+	读/写一个已存在的文件	文件已存在
w+	wb+	为读/写创建一个新文件	无则建，有则删

2．功能　返回一个指向指定文件的指针。

3．说明

（1）如果不能实现打开指定文件的操作，则 fopen()函数返回一个空指针 NULL（其值在头文件 stdio.h 中被定义为 0）。

为增强程序的可靠性，常用下面的方法打开一个文件：

　　if((fp=fopen（"文件名"，"操作方式"))==NULL)

　　{

　　printf("can not open this file\n");

　　exit(0);　　　/* 关闭已打开的所有文件，程序结束运行*/

　　}

其中，exit( )是库函数，作用是关闭已打开的所有文件，参数为 0 时，表示程序正常退出，参数非 0 时，表示程序是出错后退出。

（2）在程序开始运行时，系统自动打开三个标准文件，并分别定义了文件指针。

① 标准输入文件 —— stdin：指向终端输入（一般为键盘）。如果程序中指定要从 stdin 所指的文件输入数据，就是从终端键盘上输入数据。

② 标准输出文件 —— stdout：指向终端输出（一般为显示器）。

③ 标准错误文件——stderr：指向终端标准错误输出（一般为显示器）。

8.1.2　文件的关闭——fcolse()函数

1．用法　fclose(FILE　*文件指针);

在使用完一个文件后，应立即关闭，以免数据丢失。

2．功能　关闭"文件指针"所指向的文件。如果正常关闭了文件，则函数返回值为 0；否则，返回值为非 0。

例如：fclose(fp); /*关闭 fp 所指向的文件*/。

8.2　文件的读与写

8.2.1　读/写文件中的一个字符

1．读文件的一个字符　——fgetc()函数和 feof()函数

（1）库函数 fgetc()

① 用法：int　fgetc(文件指针);

② 功能：从"文件指针"所指向的文件中，读入一个字符，同时将读写位置指针向前移动 1 个字节（即指向下一个字符）。该函数无出错返回值。

例如：fgetc(fp)表达式，从文件 fp 中读一个字符，同时将 fp 的读写位置指针向前移动到下一个字符。

（2）关于符号常量 EOF 和 feof()函数

在对 ASCII 码文件执行读入操作时，如果遇到文件尾，则读操作函数返回一个文件结束标志 EOF（其值在头文件 stdio.h 中被定义为-1）。

在对二进制文件执行读入操作时，必须使用库函数 feof()来判断是否遇到文件尾。

2．将一个字符写到文件中 ——fputc()函数

（1）用法：int　fputc（字符数据，文件指针）；

其中"字符数据"，既可以是字符常量，也可以是字符变量。

（2）功能：将字符数据输出到"文件指针"所指向的文件中去，同时将读写位置指针向前移动 1 个字节（即指向下一个写入位置）。

如果输出成功，则函数返回值就是输出的字符数据；否则，返回一个符号常量 EOF（其值在头文件 stdio.h 中，被定义为-1）。

[例 8-1] 从键盘上输入一些字符，逐个把它们送到磁盘上，直到输入一个"@"为止。

程序如下：

```
#include "stdio.h"
main( )
{
  FILE *fp;
  char ch;
  if ((fp=fopen("word","w"))==NULL)       /*如果打开文件失败*/
  {
    printf("can not open this file\n");
    exit(0);          /*关闭已打开的所有文件，程序结束运行*/
  }
  ch=getchar();      /*打开文件成功，输入字符，并存储到指定文件中*/
  while(ch!='@')
          { fputc(ch,fp);
            putchar(ch);           /*输出字符以便合对*/
            ch=getchar();
          }
  fclose(fp);                /*关闭文件*/
}
```

程序运行结果：

键盘输入：abcdefg1234567@

屏幕输出：abcdefg1234567

同时，在 Turboc2 目录下已建立了文件 word。可以用记事本打开这个文件，查看文件中保存的内容，应与屏幕输出的一致。

8.2.2 读/写一个字符串

读/写 1 个字符串时：选用 fgets()和 fputs()函数。

1. 从文件中读一个字符串——fgets()函数

（1）用法：char *fgets（指针，串长度+1，文件指针）;

（2）功能：从指定文件中读入一个字符串，存入"字符数组／指针"中，并在尾端自动加一个结束标志'\0'；同时，将读写位置指针向前移动 strlength（字符串长度）个字节。

如果在读入规定长度之前遇到文件尾 EOF 或换行符，读入即结束。

2. 向指定文件输出一个字符串—— fputc()函数

（1）用法：int fputs（字符串，文件指针）;

其中，"字符串"可以是一个字符串常量或字符数组名或字符指针变量名。

（2）功能：向指定文件输出一个字符串，同时将读写位置指针向前移动 strlength（字符串长度）个字节。如果输出成功，则函数返回值为 0；否则，为非 0 值。

8.2.3 读/写一个数据块

实际应用中，常常要求 1 次读／写 1 个数据块。为此，ANSI C 标准设置了 fread( )函数和 fwrite()函数。fread()和 fwrite()函数，一般用于二进制文件的处理。

1. 读文件的一个数据块 ——fread()函数

（1）用法：fread(void *buffer，int size，int count，FILE *fp);

（2）功能：从 fp 所指向文件的当前位置开始，一次读入 size 个字节，重复 count 次，并将读入的数据存放到从 buffer 开始的内存中；同时，将读写位置指针向前移动 size* count 个字节。其中，buffer 是存放读入数据的起始地址（即存放何处）。

2. 将一个数据块写到文件中 ——fwrite()函数

（1）用法：fwrite(void *buffer，int size，int count，FILE *fp);

（2）功能：从 buffer 开始，一次输出 size 个字节，重复 count 次， 并将输出的数据存放到 fp 所指向的文件中；同时，将读写位置指针向前移动 size* count 个字节。

其中，buffer 是要输出数据在内存中的起始地址（即从何处开始输出）。

如果调用 fread()或 fwrite()成功，则函数返回值等于 count。

8.2.4 对文件进行格式化读／写

1. 对文件格式化读一个数据 ——fscanf()函数

格式：fscanf（文件指针，"格式符"，输入变量首地址表）;

2. 对文件格式化写一个数据 ——fprintf()函数

格式：fprintf（文件指针，"格式符"，输出参量表）;

[例 8-2] 设有一文件 cj.dat 存放了 50 个人的成绩（英语、计算机、数学），存放格式为：每人一行，成绩间由逗号分隔。计算 3 门课平均成绩，统计个人平均成绩大于或等于 90 分的学生人数。

程序如下：

#include <stdio.h>

```
main()
{
    FILE *fp;
    int num;
    float  x，y，z，s1，s2，s3;
    fp=fopen ("cj.dat","r");
    {
        fscanf (fp,"%f,%f,%f",&x,&y,&z);
        s1=s1+x;
        s2=s2+y;
        s3=s3+z;
        if((x+y+z)/3>=90)    num=num+1;
    }
    printf("分数高于 90 的人数为：%.2d"，num);
    fclose(fp);
}
```

8.2.5　读/写函数的选用原则

从功能角度来说，fread()和 fwrite()函数可以完成文件的任何数据读 / 写操作。 但为方便起见，依下列原则选用：

（1）读/写 1 个字符（或字节）数据时：选用 fgetc()和 fputc()函数。

（2）读/写 1 个字符串时：选用 fgets()和 fputs()函数。

（3）读/写 1 个（或多个）不含格式的数据时：选用 fread()和 fwrite()函数。

（4）读/写 1 个（或多个）含格式的数据时：选用 fscanf()和 fprintf()函数。

8.3　文件的定位

文件中有一个读写位置指针，指向当前的读写位置。每次读写 1 个（或 1 组）数据后，系统自动将位置指针移动到下一个读写位置上。如果想改变系统这种读写规律，可使用有关文件定位的函数。

8.3.1　位置指针复位函数 rewind()

1. 用法　int rewind(文件指针);

2. 功能　使文件的位置指针返回到文件头。

8.3.2　随机读写函数 fseek()

对于流式文件，既可以顺序读写，也可随机读写，关键在于控制文件的位置指针。

所谓顺序读写是指，读写完当前数据后，系统自动将文件的位置指针移动到下一个读写位置上。所谓随机读写是指，读写完当前数据后，可通过调用 fseek()函数，将位置指针移动到文件中任何一个地方。

1．用法　int fseek（文件指针，位移量，参照点）；

2．功能　将指定文件的位置指针，从参照点开始，移动指定的字节数。

（1）参照点：用 0（文件头）、1（当前位置）和 2（文件尾）表示。

在 ANSI C 标准中，还规定了下面的名字：

SEEK_SET ——文件头，SEEK_CUR ——当前位置，SEEK_END ——文件尾。

（2）位移量：以参照点为起点，向前（当位移量>0 时）或后（当位移量<0 时）移动的字节数。在 ANSI C 标准中，要求位移量为 long int 型数据。

fseek()函数一般用于二进制文件。

8.3.3　返回文件当前位置的函数 ftell()

由于文件的位置指针可以任意移动，也经常移动，往往容易迷失当前位置，ftell()就可以解决这个问题。

1．用法　long ftell（文件指针）；

2．功能　返回文件位置指针的当前位置（用相对于文件头的位移量表示）。

如果返回值为-1L，则表明调用出错。例如：

offset=ftell(fp)；

if (offset= =-1L)　printf("ftell() error\n")；

8.4　检错与处理

8.4.1　ferror()函数

在调用输入输出库函数时，如果出错，除了函数返回值有所反映外，也可利用 ferror()函数来检测。

1．用法　int ferror（文件指针）；

2．功能　如果函数返回值为 0，表示未出错；如果返回一个非 0 值，表示出错。

（1）对同一文件，每次调用输入输出函数均产生一个新的 ferror()函数值。因此在调用了输入输出函数后，应立即检测，否则出错信息会丢失。

（2）在执行 fopen()函数时，系统将 ferror()的值自动置为 0。

8.4.2　clearerr()函数

1．用法　void clearerr（文件指针）；

2．功能　将文件错误标志（即 ferror()函数的值）和文件结束标志（即 feof()函数的值）置为 0。

对同一文件，只要出错就一直保留，直至遇到 clearerr()函数或 rewind()函数或其他任何一个输入输出库函数。

本　章　小　结

1．本章介绍了文件的输入输出函数，主要有打开关闭文件、文件的读写、文件的定位和文件的状态四大类。

2．文件这一章的内容是较重要的，许多可供实际使用的 C 程序都包含文件处理。本章只介绍一些基本的概念，目的是对文件的基本操作有所掌握。

习 题 8

1．文件怎样打开和关闭？
2．怎样对格式化文件进行读写？
3．四种不同的文件读写函数分别用在什么情况下？

上 机 题

一、目的和要求

学会使用文件打开、关闭、读、写等文件操作函数。

二、练习题

1．统计例 2 题中 cj.dat 文件中每个学生的总成绩，并将原有数据和计算出的总分数存放在磁盘文件"stud"中。

```
#include "stdio.h"
main()
{
    FILE *fp1，*fp2；
    float x，y，z；
    fp1=fopen("cj.dat"，"r")；
    fp2=fopen("stud"，"w")；
    while(!feof(fp1))
    {
        fscanf (fp1，"%f，%f，%f"，&x，&y，&z)；
        printf("%f，%f，%f，%f\n"，x，y，z，x+y+z)；
        fprintf(fp2，"%f，%f，%f，%f\n"，x，y，z，x+y+z)；
    }
    fclose(fp1)；
    fclose(fp2)；
}
```

2．在 D 盘的根目录下建立文件 abcd.txt，输入 abcd 后保存文件；再打开这个文件，在末尾添加 efg 后保存文件。

第 9 章　编译预处理

所谓编译预处理是指，在对源程序进行编译之前，先对源程序中的编译预处理命令进行处理；然后再将处理的结果和源程序一起进行编译，以得到目标代码。

9.1　包含指令

9.1.1　文件包含的概念

文件包含是指，一个源文件可以将另一个源文件的全部内容包含进来。

9.1.2　文件包含处理命令的格式

＃include　　"包含文件名"

或＃include　　<包含文件名>

两种格式的区别仅在于：

（1）使用双引号：系统首先到当前目录下查找被包含文件，如果没找到，再到系统指定的"包含文件目录"（由用户在配置环境时设置）去查找。

（2）使用尖括号：直接到系统指定的"包含文件目录"去查找。一般地说，使用双引号比较保险。

9.1.3　文件包含的优点

一个大程序，通常分为多个模块，并由多个程序员分别编程。有了文件包含处理功能，就可以将多个模块共用的数据（如符号常量和数据结构）或函数，集中到一个单独的文件中。这样，凡是要使用其中数据或调用其中函数的程序员，只要使用文件包含处理功能，将所需文件包含进来即可，不必再重复定义它们，从而减少重复劳动。

9.1.4　说明

（1）编译预处理时，预处理程序将查找指定的被包含文件，并将其复制到#include 命令出现的位置上。

（2）常用在文件头部的被包含文件，称为"标题文件"或"头部文件"，常以"h"（head）作为后缀，简称头文件。在头文件中，除可包含宏定义外，还可包含外部变量定义、结构类型定义等。如前面各章中所述，使用库函数时，常使用文件包含指令，将相应的头文件包含进来。如：

1）使用数学函数时，应包含"math.h"；

2）使用字符函数和字符串函数时，应包含"string.h"；

3）使用输入输出函数时，应包含"stdio.h"；

4）使用图形函数时，应包含"graphics.h"；

　　Turbo C V2.0 中头函数有 29 个，适用于不同的库函数，详见参考书"Turbo C 实用大全"。
　　（3）一条包含命令，只能指定一个被包含文件。如果要包含 n 个文件，则要用 n 条包含命令。
　　（4）文件包含可以嵌套，即被包含文件中又包含另一个文件。

9.2　宏定义指令

　　在 C 语言中，"宏"分为无参数的宏（简称无参宏）和有参数的宏（简称有参宏）两种。使用宏定义的优点是：
　　（1）可提高源程序的可维护性；
　　（2）可提高源程序的可移植性；
　　（3）减少源程序中重复书写字符串的工作量。

9.2.1　无参宏定义

　　1．无参宏定义的一般格式
　　#define　　标识符　　字符串
　　其中，"define"为宏定义命令；"标识符"为所定义的宏名，通常用大写字母表示，以便于与变量区别；"字符串"可以是常数、表达式、格式串等。在第一章例 1-2 中已有介绍。
　　2．说明
　　（1）宏名一般用大写字母表示，以示与变量区别，但这并非是规定。
　　（2）宏定义不是 C 语句，所以不能在行尾加分号。否则，宏展开时，会将分号作为字符串的 1 个字符，用于替换宏名。
　　（3）宏定义命令#define 出现在函数的外部，宏名的有效范围是：从定义命令之后，到本文件结束。通常，宏定义命令放在文件开头处。

9.2.2　符号常量

　　在定义无参宏时，如果"字符串"是一个常量，则相应的"宏名"就是一个符号常量。恰当命名的符号常量，除具有宏定义的上述优点外，还能表达出它所代表常量的实际含义，从而增强程序的可读性。常用的有：

```
#define   EOF       -1          /*文件尾*/
#define   NULL       0          /*空指针*/
#define   MIN        1          /*极小值*/
#define   MAX       31          /*极大值*/
#define   STEP       2          /*步长*/
#define   PI      3.1415926     /*定义圆周率*/
```

9.2.3　有参宏定义

　　1．有参宏定义的一般格式
　　#define　　宏名（形参表）　　字符串

2．有参宏的引用和宏代换

（1）引用格式：宏名（实参表）。

（2）宏展开：引用宏时，先用引用格式中提供的实参，替换宏定义"字符串"中的形参，非形参字符保持不变；再将替换后的"字符串"代换引用的宏。

3．说明

（1）定义有参宏时，宏名与左圆括号之间不能留有空格。否则，C 编译系统将空格以后的所有字符均作为替代字符串，而将该宏视为无参宏。

（2）有参宏定义与函数是不同的，引用有参宏定义时，是宏展开，是一种代换；而调用函数时，是先将实参传给被调用函数，被调用函数运行后，返回调用处继续运行。举个简单例子。

[**例 9-1**] 有参宏示例。

程序如下：

```
#define S(a,b) a+b    /* 有参宏定义 */
sum(x,y)              /* 自定义的和函数 */
{
 return(x+y);
}
 main()
{
  int  m=2，n=3，u，v；
  u=S(m，n)*2;         /* 引用宏 S(m,n),宏展开后，此语句变为 u= m + n * 2；*/
  v=sum(m，n)*2;       /* 调用和函数，返回值为 5 */
  printf("u=%d，v=%d\n"，u，v);
}
```

程序运行结果：

u=8，v=10

9.3 条件编译指令

条件编译可有效地提高程序的可移植性，并广泛地应用在商业软件中，为一个程序提供各种不同的版本。

9.3.1 #ifdef…#endif 和#ifndef…#endif 命令

1．一般格式

＃ifdef 标识符

　　　程序段 1；

[＃else

　　　程序段 2；]

＃endif

2．功能 当"标识符"已经被#define 命令定义过，则编译程序段 1，否则编译程序段 2。

3．关于#ifndef…#endif 命令　格式与#ifdef…#endif 命令一样，功能正好与之相反。

9.3.2　#if…#endif

1．一般格式

```
#if    常量表达式
       程序段 1；
[#else
       程序段 2；]
#endif
```

2．功能　当表达式为非 0（"逻辑真"）时，编译程序段 1，否则编译程序段 2。

本 章 小 结

1．C 语言提供编译预处理的功能，是它与其他高级语言的一个重要区别。

2．C 提供的预处理功能主要有文件包含、宏定义和条件编译 3 种，分别用文件包含命令、宏定义命令和条件编译命令来实现。为了与一般 C 语句相区别，这些命令以符号"#"开头。

3．"宏"分为无参宏和有参宏两种。

习　题　9

1．在#include 中使用 "　" 和< >有什么区别？

2．使用条件编译的目的是什么？

3．定义一个有参的宏 MIN(a,b)，并且由键盘输入 3 个数，利用它求出其中最小数。

上　机　题

一、目的要求

1．掌握文件包含处理方法。

2．掌握宏定义的方法。

二、练习题

1．编一程序，任意输入 1 个值，调用库函数求它的正弦值、余弦值、绝对值。

2．编一程序，输入 x，y，求 x^y。

3．定义一个带参的宏，使两个参数的值互换。在主函数中输入两个数作为使用宏的实参，输出已交换的两个值。

第 10 章 位 运 算

C 语言既具有高级语言的特点，又具有低级语言的功能，因而具有广泛的用途和很强的生命力。C 语言提供了位运算的功能，这使得 C 语言也能像汇编语言一样用来编写系统软件。

所谓位运算是指，按二进制位（bit）进行的运算。计算机中采用二进制存储各种信息，这是由计算机电路所使用的元器件性质决定的。计算机中的二值电路只能表示两个数值：0 或 1（数码 "0" 表示低电位，数码 "1" 表示高电位）。

前面已介绍过，数在计算机内存中是以补码保存的（称为机器数），有符号的整型数在内存中用二进制表示，最高位为符号位，0 表示为正，1 表示为负。一个整型数对应有原码、反码和补码 3 种形式，正数的三种码相同，负数的三种码不同。负数的原码与它对应的正数的原码除符号位是 1 外，其他各位相同；负数的反码是将它的原码除符号位不变外，其他各位按位取反而得；负数的补码是在其反码在最低位加 1 所形成。

位运算是对机器数按位进行的运算。

10.1 位逻辑运算

1．按位与 &
（1）格式：x&y
（2）规则：按位进行 "与" 运算，对应位均为 1 时才为 1，否则为 0。
例如：3&9=1。
3 和 9 都是整型数，各占两个字节（16 位），先将它们的二进制形式分别写出：

```
      3:        0000 0000 0000 0011
      9:        0000 0000 0000 1001
    3&9:        0011
           & 1001
              0001=1（十进制）
```

参加运算的这两个二进制数的前面高 12 位都是 0，相 "与" 的结果高 12 位也是 0，故可省略不写（后面介绍的 "按位或" 运算及 "按位异或" 运算都采用这种省略方法）。
又例如：（−1）&3=3。

```
−1 的补码为：      1111 1111 1111 1111
   （−1）&3：      1111 1111 1111 1111
              &   0000 0000 0000 0011
      3:          0000 0000 0000 0011
```

可编程验证：
```
main( )
{ int a= −1，b=3，c;
```

```
        c=a & b；
        printf("a=%d，b=%d，c=%d\n"，a，b，c)；
    }
```

程序运行结果：

a=-1，b=3，c=3

（3）功能：取（或保留）1 个数补码的某（些）位的值，其余各位的值置为零.

[例 10-1]　由高位至低位依次输出-637 的补码（机器数）的各位。

[分析]　-637 为负数，符号位是 1，输出的第一个数是 1。一个整型数的补码除符号位外还有 15 位，第 n 位对应 2^{n-1}，要想取这个数的第 n 位，只需将该数与 2^{n-1} 按位与运算，如结果为 0，则说明这个数第 n 位是 0，否则这个数第 n 位是 1。

本例要使用幂函数 pow(2，n)，使用幂函数 pow(x，y)时，首先应在程序前包含头文件 math.h；其次要注意：pow(2，n)的返回值是实型，要想使它与整型数进行位运算，应进行强制类型转换，即(int)pow(2，n)。

程序如下：

```
#include "math.h"
#define D -637   /* 采用宏定义，要输出其他整数的补码，只需改变 1 个数即可*/
main( )
{ int n，m[16]={0}，t；  /*将数组 m[16]的各元素的初值都赋为 0 */
    clrscr( )；          /*清屏，光标返回屏幕左上角*/
    if(D<0)  m[15]=1；    /*存符号位的值*/
    for（n=14；n>=0；n--）
        { t=D&(int)pow(2，n)；
         /*先强制类型转换，将 pow(2，n)的返回值转换成整型，再与 D 按位与运算*/
          if(t!=0)  m[n]=1；
        }   /*将 D 的机器数的各位的值存入数组 m[16]中，低位在前，高位在后*/
    for(n=15；n>=0；n--)
        {printf("%d"，m[n])；
         if(n%4==0) printf(" ")；/*从高位至低位依次输出，输出 4 个数后空一格*/
        }
    getch( )；          /*在用户屏幕上看程序运行结果，按任意键返回程序编辑窗口*/
}
```

程序运行结果：

　　　　1111 1101 1000 0011

如将宏定义改为　#define D -32768　/*整型数能够取的最小负数*/

则运算结果为　1000 0000 0000 0000，这就是-32768 的机器码（补码）。

2. 按位或　|

（1）格式：x | y

（2）规则：按位进行"或"运算，对应位均为 0 时才为 0，否则为 1。

例如：3|9=11（因 0|0=0，故下式中已省略各数的前 12 个 0）：

$$0011$$
$$|\quad 1001$$
$$1011=11（十进制）$$

（3）功能：将 1 个数的某（些）位的值置为 1，其余各位的值不变。

例如：想将某整数 a 的第 8、13 位的值置为 1，其余不变，可以采用如下办法：

$$a|(int)pow(2,7)|(int)pow(2,12)$$

来实现。

3．按位异或 ^

（1）格式：x^y

（2）规则：按位进行"异或"运算，对应位相同时为 0，不同时为 1。

理解：不同（一个为 0，另一个为 1）为"异"，为异时则"或"，由"或运算"知，0 和 1 的或为 1。反之，相同时为 0。

例如：3^9=10（因 0^0=0，故下式中已省略各数的前 12 个 0）：

$$0011$$
$$\textasciicircum\ 1001$$
$$1010=10（十进制）$$

（3）功能：使 1 个数的某（些）位翻转（即原来为 1 的位变为 0，为 0 的位变为 1），其余各位不变。

例如：想将某整数 a 的第 8 位翻转，其余不变，可以采用如下办法：

$$a\textasciicircum(int)pow(2，7)$$

来实现。其中，(int)pow(2，7)的第 8 位的值是 1，其余各位的值是 0。0 与 0、1 异或后仍为 0、1，故不改变 a 其余各位的值；1 与 0、1 异或后改变为 1、0，因此 a 的第 8 位实现了翻转。

4．按位取反 ～

（1）格式：～x

（2）规则：按位进行"取反"运算，各位翻转，即各位的值原来为 1 的变成 0，原来为 0 的变成 1。

（3）功能：间接地构造一个数，以增强程序的可移植性。

例如：直接构造一个全 1 的数，在 IBM-PC 机中为 2 字节，而在 VAX-11/780 上却是 4 字节。如果用～0 来构造，系统可以自动适应。

[例 10-2] 编程，输入一个负整型数，输出它的原码、反码、补码。

[分析]

① 最小的负整数–32768 的原码、补码都是 1000 0000 0000 0000，反码是 1111 1111 1111 1111。

② 其他的负整数的原码与其相对应的正整数的原码相比，只有符号位不同；它们的反码，除符号位不变外，其他各位是由原码取反而得；它们的补码，是反码加 1 而得。

③ 因此，可得程序设计思路如下：先参照例 10-1 设计一个自定义函数，功能是求负整数的二进制编码，将第十六位（符号位）设为 1，再将主函数传递来的数的第 1 至第 15 位按由低位到高位的次序依次存入一个数组中，然后依次输出。在主函数中，先将输入的负整数（-1 至-32767）改变符号，得到相对应的正数，调用自定义函数输出这个负整数的原码；将此正数取反，调用自定义函数输出这个负整数的反码；将此正数减 1 后取反（等同取反后加 1），调用自定义函数输出这个负整数的补码。

程序如下：

```
#include "math.h"
bianma(c)        /*自定义求二进制编码函数*/
{
    int n,m[16]={0}，t;        /*将数组 m[16]的各元素的初值都赋为 0 */
    m[15]=1;            /*最高位为符号位，值是 1 */
/*将 c 的二进制编码的其他各位的值也存入数组中，低位在前，高位在后*/
    for(n=14；n>=0；n--)
        { t=c&(int)pow(2, n)；
          /*先强制类型转换，将 pow(2，n)的返回值转换成整型，再与 c 按位与运算*/
            if(t!=0)  m[n]=1；/*与运算的结果为 0 时，初值不变，否则 m[n]=1*/
        }
    for(n=15；n>=0；n--)
        { printf("%d"，m[n])；
            if(n%4==0)  printf(" ")；   /*从高位至低位依次输出，输出 4 个数后空一格*/
        }
    printf("\n")；   /*换行*/
}
main( )    /*主函数*/
    { int a，b;
      clrscr( )；
      printf("input a negative integer :")；   /*屏幕提示：输入一个负整数*/
      scanf("%d"，&a)；
      while(a>=0)        /*误输入正整数时，提示错误，重输*/
        { printf("input error!\n")；
            printf("input a negative integer :")；
            scanf("%d"，&a)；
        }
      b= -a；
      bianma(b)；        /*调用函数求原码，将实参 b 传递给形参 c，下同*/
      b=~b；
      bianma(b)；        /*调用函数求反码*/
      b=~((-a) -1)；
```

```
    bianma(b)；     /*调用函数求补码*/
    getch( )；
  }
```

程序运行结果：

输入-3，分三行分别输出-3 的原码、反码、补码

　　1000 0000 0000 0011

　　1111 1111 1111 1100

　　1111 1111 1111 1101

输入-32765，分三行分别输出-32765 的原码、反码、补码

　　1111 1111 1111 1101

　　1000 0000 0000 0010

　　1000 0000 0000 0011

由上例可得：

-3 的原码就是-32765 的补码，-3 的补码就是-32765 的原码，而(-3)+(-32765)=-32768（最小的负整数）。一般负整数 A 的原码就是(-32768-A)的补码，A 的补码就是(-32768-A)的原码。

-3 的反码就是-4 的补码，-32765 的反码就是-32766 的补码。一般负整数 A 的反码就是A-1 的补码。

例如：-37 的原码是-32731 的补码，-37 的反码是-38 的补码，-37 的补码是-32731 的原码。因此求-37 的原码、反码和补码，可以利用例 10-1 分别求-32731、-38、-37 的补码即可。

10.2　位移位运算

1．按位左移　<<

（1）格式：x<<位数

（2）规则：使 x 的补码的各位左移，低位补 0，高位溢出。

例如：　5<<2 结果为 20

5：　　　　 0000 0000 0000 0101

5<<2：　　 0000 0000 0001 0100=20（十进制）

又例如：-28<<1 结果为-56。对绝对值较小的整数，按位左移 1 位，结果为原数乘以2。按位左移 2 位，结果为原数乘以 2^2。但对绝对值较大的整数则不然，如 32767<<1 结果为-2，-32768<<2 结果为 0，-32718<<2 结果为 100，都是因高位溢出，改变了符号位的值所致。

2．按位右移　>>

（1）格式：x>>位数

（2）规则：使 x 的补码的各位右移，移出的低位舍弃；高位作以下补充：

1）对无符号数和有符号中的正数，补 0；

2）有符号数中的负数，取决于所使用的系统：补 0 的称为"逻辑右移"，补 1 的称为"算术右移"。Turbo C 和很多系统规定为补 1。

[**例 10-3**]　(-31)>>2 结果为？

程序如下：

```
main( )
  { int n= -31;
    n=n>>2;
    printf("n>>2=%d"，n);
  }
```

程序运行结果：

n>>2= -8

又例如：21>>2 结果为 5。

正整数右移 1 位其结果为原数除以 2（舍去余数），右移 2 位其结果为原数除以 2^2（舍去余数），以此类推；负整数右移 1 位其结果为原数除以 2（余数非零时进一），右移 2 位其结果为原数除以 2^2（余数非零时进一，如-29>>2，-30>>2，-31>>2，-32>>2 结果都为-8），以此类推。

10.3　位复合赋值运算

除按位取反运算外，其余 5 个位运算符均可与赋值运算符一起，构成复合赋值运算符：&=、|=、^=、<<=、>>=。

例如：

num =52（0000 0000 0011 0100）；

num >>=4；（即 num = num >>4；）

得结果为：num=3（0000 0000 0000 0011）。

本 章 小 结

1．本章主要介绍了按位与、按位或、按位异或、按位取反、按位左移和按位右移六个位运算指令。其中五个可以和赋值运算符结合作复合赋值运算。

2．利用位运算可以对整型数的机器数进行位操作，如例 10-1、例 10-2、例 10-3。

3．负整数 A 的原码就是（-32768-A）的补码，A 的反码就是 A-1 的补码，A 的补码就是（-32768-A）的原码。

4．x 按位左移使 x 的补码的各位左移，低位补 0，高位溢出。x 按位右移使 x 的补码的各位右移，移出的低位舍弃；高位作以下补充：

1）对无符号数和有符号中的正数，补 0；

2）有符号数中的负数，取决于所使用的系统：补 0 的称为"逻辑右移"，补 1 的称为"算术右移"。Turbo C 规定为补 1。

习 题 10

1．a 为任意整数，能将 a 清 0 的表达式是＿＿＿＿＿＿＿＿；能将 a 各位均置为 1 的表达式是＿＿＿＿＿＿＿＿＿＿＿。

2．7 的机器码是＿＿＿＿＿＿＿，−7 的原码是＿＿＿＿＿＿＿，−32761 的补码是＿＿＿＿＿＿＿，−32762 的反码是＿＿＿＿＿＿＿。

3．135<<1 结果为＿＿ ，−39>>3 结果为＿＿＿。

上 机 题

一、目的要求

1．掌握按位运算的方法，学会使用位运算符。

2．学会通过位运算实现对位的操作。

二、练习题

1．编一个程序，将一个整数的高字节（高 8 位）和低字节（低 8 位）分别输出（用位运算方法），上机运行。

2．编一个程序，将一个整数的各位分别向右、向左循环移位。

第 11 章 应用程序举例

11.1 全屏幕模拟时钟的 C 源程序

这个应用程序如图 11-1 所示：

将全屏幕设置为 640*480 的模式（各顶点坐标见图 11-1 所示），以（300，240）为圆心分别画两个同心圆，以（300，240）为中心，分别用不同的颜色画出时针、分针、秒针，在内圆内侧画出 60 个小线段表示刻度。秒针每 1 秒跳动一格并发声，秒针每转一圈分针跳动一格，分针每转一圈时针跳动一格并发声。

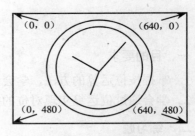

图 11-1 模拟时钟

为实现上述效果，要用到图形函数、时间函数和其他函数。

一、图形函数

Turbo C 中有 91 个字符屏幕和图形函数（详见《Turbo C 实用大全》），使用时用 graphics.h 头文件。

1．初始化图形系统

本例用下述方式实现：

int gd=VGA，gm=2；

initgraph(&gd，&gm，"d:\\turboc")；

它的作用是将图形驱动程序调入内存，图形驱动程序为 d:\turboc 目录的 EGAVGA.BGI 文件。**注意**：指定路径时，转义字符 "\\" 表示 ASCII 码的反斜杠 "\"。

本例选择的图形驱动程序为 VGA，模式为 2，即 640×480 模式。VGA 共有 3 种模式，模式 0 为 640×200，模式 1 为 640×350。

2．本例中用到的一些图形函数

（1）line(x1，y1，x2，y2)

功能：从点（x1，y1）到点（x2，y2）用当前颜色画线段。

（2）setbkcolor(int color)

功能：用 color 所代表的颜色设置背景色。color 可取表 11-1 中的数字或单词。

（3）circle(x，y，r)

功能：以（x，y）为圆心，以 r 为半径，用当前颜色画圆。

（4）setcolor(int color)

功能：指定 color 所代表的颜色为当前画线颜色。color 可取表 11-1 中的数字或单词。

表11-1　背景函数、画线函数参数值及其含义

0	1	2	3	4	5
BLACK	BLUE	CREEN	CYAN	RED	MAGENTA
黑	蓝	绿	青	红	洋红
6	7	8	9	10	11
BROWN	LIGHTGRAY	DARKGRAY	LIGHTBLUE	LIGHTGREEN	LIGHTCYAN
棕	淡灰	深灰	淡蓝	淡绿	淡青
12	13	14	15		
LIGHTRED	LIGHTMAGENTA	YELLOW	WHITE		
淡红	淡洋红	黄	白		

（5）setwritemode(int mode)

功能：设置画线的输出模式。mode 可取 1 或 0。取 1，为新线的像素点与旧线像素点之间先进行"异或"，然后再向屏幕输出；取 0，为新线的像素点先覆盖原有图像，再输出。

（6）closegraph( )

功能：关闭图形模式。

二、时间函数

Turbo C 中定义了时间结构体 time 类型结构：

```
struct time
    {unsigned char ti_min；      /*分*/
     unsigned char ti_hour；     /*时*/
     unsigned char ti_hand；     /*指针*/
     unsigned char ti_sec；      /*秒*/
    }
```

本例在主函数中先定义了一个这样的结构体变量 struct time t。

然后在程序中采用了一个与结构体变量 struct time t 有关的时间函数，使用时要用 dos.h 头文件。

gettime(&t)

功能：把当前时间填入结构体变量 t 中。即以当前时间的时、分、秒等分别给结构体变量 t 的各成员赋值。赋值后，本例中多处引用了成员的值，例如：

h=t.ti_hour；

m=t.ti_min；

s=t.ti_sec；

三、其他函数

本例中还用到了一些其他函数。

（1）sin(x)和 cos(x)，正弦和余弦函数，参数取值单位为弧度，使用时用 math.h 头文件。

（2）sound(400)和 sound(1000)等。功能：分别按频率 400、1000Hz 打开 PC 扬声器。使用时用 dos.h 头文件。

（3）nosound( )。功能：关闭 PC 扬声器。使用时用 dos.h 头文件。

（4）kbhit( )。功能：检查是否按下有效键，是返回非零整数；否返回零。使用时用 conio.h 头文件。

（5）delay(unsigned m)。功能：中断程序的执行，中断的时间由 m 指定，m 的单位为机器毫秒（此时间受计算机主频影响），起短暂延时作用。使用时用 dos.h 头文件。

四、源程序（命名为 clock.c）

```c
/*一、编译预处理*/
#include<graphics.h>
#include<math.h>
#include<dos.h>
#include<conio.h>
#define pi 3.1415926
#define X(a，b，c)   x=a*cos(b*c*pi/180-pi/2)+300；        /*带参数的宏定义，下同*/
#define Y(a，b，c)   y=a*sin(b*c*pi/180-pi/2)+240；
#define d(a，b，c)   X(a，b，c)；Y(a，b，c)；line(300，240，x，y)
/*二、自定义无参函数，功能是画出时钟的表盘和刻度*/
void init( )
  { int i，1，x1，x2，y1，y2；
    setbkcolor(1);        /*背景色为蓝色*/
    circle(300，240，200);        /*以（300，240）为圆心，200为半径画内圆*/
    circle(300，240，205);        /*以（300，240）为圆心，205为半径画外圆*/
    circle(300，240，5);         /*以（300，240）为圆心，5为半径画中心小圆*/
    /*下面的循环是在内圆内侧用小线段画60个刻度*/
    for(i=0；i<60；i++)
      { if(i%5==0) l=15；
        else l=5；
        x1=200*cos(i*6*pi/180)+300；
        y1=200*sin(i*6*pi/180)+240；
        x2=(200-l)*cos(i*6*pi/180)+300；
        y2=(200-l)*sin(i*6*pi/180)+240；
        line(x1，y1，x2，y2);        /*以（x1,y1），（x2,y2）为端点画线段*/
      }
  }
/*三、主函数*/
main( )
```

```
{
    int x，y;
    int gd=VGA，gm=2;
    unsigned char h，m，s;
    struct time t;        /* 定义了时间结构体变量t */
    initgraph(&gd，&gm，"d:\\turboc");        /*将图形驱动程序调入内存*/
    init( );        /*调用自定义函数，画表盘和刻度*/
    setwritemode(1);        /*设置画线的输出模式为新线的像素点与旧线的像素点之间先
                            进行"异或"，然后再向屏幕输出*/
    gettime(&t);        /*把当前时间填入结构体变量t中*/
    h=t.ti_hour;        /*分别将当前时间的时、分、秒赋值给变量h、m、s*/
    m=t.ti_min;
    s=t.ti_sec;
    setcolor(7);        /*当前画线颜色用淡灰色*/
    d(150，h，30);        /*带参数的宏代换，作用是画时针线段*/
    setcolor(14);        /*当前画线颜色用黄色*/
    d(170，m，6);        /*带参数的宏代换，作用是画分针线段*/
    setcolor(4);        /*当前画线颜色用红色*/
    d(190，s，6);        /*带参数的宏代换，作用是画秒针线段*/
    while(!kbhit())        /*未按有效键时执行循环；按有效键时，kbhit()返回非零值，!kbhit()
                          为零，不执行循环。因为循环体的后续语句为关闭图形模式，程
                          序结束，所以按有效键的效果是结束程序*/
    { while(t.ti_sec==s)        /*当秒值未变时执行内循环，秒值改变时跳出内循环*/
          gettime(&t);        /*把新的当前时间填入结构体变量t中*/
      sound(400);        /*跳出内循环后，按频率400Hz打开PC扬声器发声*/
      delay(70);        /*使PC扬声器发声70机器毫秒*/
      nosound();        /*关闭PC扬声器*/
      setcolor(4);        /*当前画线颜色用红色*/
      d(190，s，6);        /*重画旧的秒针线段，因前面规定是与原线段"异或"后再输出到
                          屏幕上，两个线段位置和象素点相同，故"异或"后旧的秒针线
                          段消失*/
      s=t.ti_sec;        /*将新的当前时间的秒值赋值给变量s*/
      d(190，s，6);        /*画新的秒针线段*/
      if (t.ti_min!=m)        /*当新的当前时间的分钟与原分钟（保存在m中）不同时，画
                            新的分钟线段*/
        { setcolor(14);        /*当前画线颜色用黄色*/
          d(170，m，6);        /*用"异或"方式，先消除旧的分钟线段*/
          m=t.ti_min;        /*给m赋新值*/
          d(170，m，6);        /*画新的分钟线段*/
```

```
            }
        if (t.ti_hour!=h)      /*当新的当前时间的时钟与原时钟（保存在h中）不同时，画
                                新的时钟线段*/
           { setcolor(7);       /*当前画线颜色用淡灰色*/
             d(150，h，30);       /*用"异或"方式，先消除旧的时钟线段*/
             h=t.ti_hour;        /*给h赋新值*/
             d(150，h，30);        /*画新的时钟线段*/
             sound(1000);        /*按频率400Hz打开PC扬声器发声*/
             delay(240);          /*使PC扬声器发声240机器ms*/
             nosound();          /*关闭PC扬声器*/
           }
        }
       closegraph();        /*关闭图形模式*/
    }
```

上述源程序 clock.c 经编译链接后产生的可执行程序 clock.exe，不能脱离 TURBOC 目录运行。如按下述步骤，可建立独立运行的程序：

（1）在 D:\TURBOC 目录下键入：BGIOBJ EGAVGA

此命令将驱动程序 EGAVGA.bgi 转换成 EGAVGA.obj 的目标文件。

（2）在 D:\TURBOC 目录下输入命令：TLIB LIB\GRAPHICS.lib+EGAVGA

此命令的意思是将 EGAVGA.obj 的目标模块装到 GRAPHICS.lib 库文件中。

（3）在源程序主函数调用 initgraph( )函数之前加上一句：

        registerbgidriver(EGAVGA_driver);

该函数告诉连接程序在连接时把 EGAVGA 的驱动程序装入到用户的执行程序中。

第（1）、（2）步是在 DOS 方式下运行的，第（3）步是在源程序中实现的。经过上面的处理，编译链接后产生的执行程序可在任何目录或其他兼容机上运行。

11.2　设计立体按钮的 C 源程序

本例用 C 语言设计两个立体按钮，一个凹形、一个凸形。

一、初始化图形系统及图形函数

1. 初始化图形系统　　与一节不同，本例初始化图形系统用下述方式实现：

        int GraphDriver=DETECT，GraphMode;
        initgraph(&GraphDriver，&GraphMode，"d:\\turboc2");

其中，图形驱动程序变量赋初值 DETECT，模式未赋初值。采用这种方式时，initgraph( )函数会在指定路径下自动搜寻显示适配器的硬件类型，然后将图形驱动程序调入内存，并选用最大可能的分辨率模式。

2. 图形函数　　除上节介绍的设置画线颜色、画直线函数外，本例中出现了 2 个新的图

形函数：

（1）setfillstyle(1，7)；

功能：设置填充式样为 1（实填充），填充颜色为 7（淡灰）。

填充函数参数值及含义见表 11-2。

表 11-2　填充函数参数值及其含义

参数值	0	1	2	3	4
含义	用背景色填充	实填充	用线 "-" 填充	用斜杠填充	用粗斜杠填充
参数值	5	6	7	8	9
含义	用粗反斜杠填充	用反斜杠填充	用网格线填充	用斜网格线填充	用间隔点填充
参数值	10	11	12		
含义	用稀疏点填充	用密集点填充	用户定义的模式		

（2）bar(x1，y1，x2，y2)；

功能：画以（x1，y1）为左上角点，（x2，y2）为右下角点的实心方框。

使用这两个函数时，要用 graphics.h 头文件。

二、源程序（命名为 button.c）

```
/*一、编译预处理*/
 #include<graphics.h>
    /*二、自定义画按钮外框及背景函数*/
button(int x1，int y1，int x2，int y2)
                /*（x1，y1）为按钮左上角坐标，（x2，y2）为按钮右下角坐标*/
  {
    setfillstyle(1，7)；          /*设置填充式样为1（实填充），填充颜色为7（淡灰）*/
    bar(x1，y1，x2，y2)；         /*画以（x1，y1）为左上角点，（x2，y2）为右下角点的
                                实心方框*/
    setcolor(15)；               /*设置外框画线颜色为白色*/
    line(x1，y1，x1，y2)；        /*画外框左边的线*/
    line(x1，y1，x2，y1)；        /*画外框上边的线*/
    line(x2，y1，x2，y2)；        /*画外框右边的线*/
    line(x1，y2，x2，y2)；        /*画外框下边的线*/
    return；       /*返回调用程序*/
  }
    /*三、自定义画按钮内框边线函数*/
bline(int x1，int y1，int x2，int y2，int w，int c1，int c2)
   {
    setcolor(c1)；       /*设置画线颜色为c1代表的颜色*/
    line(x1+w，y1+w，x2-w，y1+w)；      /*画方框里面上边的线*/
    line(x1+w，y1+w，x1+w，y2-w)；      /*画方框里面左边的线*/
    setcolor(c2)；       /*设置画线颜色为c2代表的颜色*/
```

```
        line(x1+w, y2-w, x2-w, y2-w);        /*画方框里面下边的线*/
        line(x2-w, y1+w, x2-w, y2-w);        /*画方框里面右边的线*/
        return;       /*返回调用程序*/
    }
      /*  四、主函数  */
    main()
      {
        int GraphDriver=DETECT, GraphMode;
        initgraph( &GraphDriver, &GraphMode, "c:\\turboc2");        /*初使化图形屏幕*/
        /*下面画凹键*/
        button(200, 140, 260, 180);
              /*在屏幕左上角(200, 140)至右下角(260, 180)处画一按钮*/
        bline(200, 140, 260, 180, 8, 0, 15);
                /*在上述按钮内, 离边框宽度为8画凹形内框*/
        /*下面画凸键*/
        button(360, 140, 420, 180);
                /*在屏幕左上角(360, 140)至右下角(420, 180)处画一按钮, 边框宽度为10*/
        bline(360, 140, 420, 180, 8, 15, 0);
                /*在上述按钮内, 离边框宽度为8画凸形内框*/
        getch();
        closegraph();
      }
```

11.3 一种文件加密技术的 C 源程序

下面是一个实例程序, 能对任意一个文件进行加密, 密码要求用户输入, 限 8 位以内（当然你可以再更改）。给文件加密的技术很多, 难易程度差别很大。这里给出一种简单的文件加密技术, 即采用文件逐字节与密码异或方式对文件进行加密, 当解密时, 只需再运行一遍加密程序即可。

源程序（命名为 password.c）如下:

```
/* Turbo 2.0 pass. give file a password! */
/*一、编译预处理*/
#include<stdio.h>
/*二、对文件进行加密的自定义函数声明*/
void dofile(char *in_fname,char *pwd, char *temp_fname);
/*三、主函数*/
    main( )
  {
    char in_fname[30];       /*用户输入的要加密的文件名*/
```

```
    char pwd[8];                /*用来保存密码*/
    char temp_fname[30];        /*临时文件名。它在程序中的作用是：在程序运行过程中，
                                先保存加密后的原文件内容，原文件内容全部加密后，原
                                文件被删除，这个文件更名为原文件名。*/
    printf("\nIn_fname：\n");
    gets(in_fname);             /*得到要加密的文件名，以下简称为原文件*/
    printf("Password：\n");
    gets(pwd);                  /*得到密码，不超过8位数*/
    printf("\n temp_fname：\n");
    gets(temp_fname);           /*得到临时文件名*/
    dofile(in_fname，pwd，temp_fname);      /*调用自定义函数*/
    if(remove(in_fname)==0)  /*删除原文件。remove( )是删除文件函数，删除成功返回0；
                                否则返回非零值，使用它时要用stdio.h头文件*/
        printf("\n\nFile was remove.\n");
    else
        printf("\n\nFile remove error");
    if(rename(temp_fname，in_fname) = =0)    /*将临时文件名更名为原文件名。rename( )
                                是更名函数，更名成功返回0，否则返回非
                                零。使用它时要用stdio.h头文件*/

        printf("\n\nFile was renamed.\n");
    else
        printf("\n\nFile rename error");
    getch();
    }
/*四、自定义加密函数*/
void dofile( )
    {
    FILE *fp1，*fp2;        /*定义两个文件型指针*/
    register char ch;       /*定义寄存器变量，运行速度快*/
    int j=0;        /*定义循环变量，用于密码数组的下标*/
    fp1=fopen(in_fname,"rb");        /*以二进制只读方式打开原文件，函数fopen( )成功打开文
                                件时返回指向原文件的指针，否则返回空指针（NULL），
                                使用它时要用stdio.h头文件*/
    if(fp1==NULL)
        {
        printf("cannot open in-file.\n");
        exit(1);        /*如果不能打开要加密的文件，便退出程序*/
        }
    fp2=fopen(temp_file，"wb");        /*以二进制写方式建立临时文件*/
```

```
    if(fp2==NULL)
      {
        printf("cannot open or create out-file.\n");
        exit(1);        /*如果不能建立加密后的文件，便退出*/
      }
    /*加密算法开始，将原文件的字符逐个加密*/
    ch=fgetc(fp1);       /*得到原文件的第一个字符并赋给ch。使用fgetc( )函数时要用stdio.h
                          头文件*/
    while(!feof(fp1));    /*文件未结束时执行循环。函数feof( )用来判断以二进制读方式打
                          开的文件的位置指针是否已处于文件结尾，是返回非零值，否返
                          回0，使用它时要用stdio.h头文件*/
      {
        fputc(ch^pwd[j<8?j:0], fp2);        /* 将原文件的字符加密后写入fp2文件。加密方
                                              法是将已从原文件中得到的字符（已赋给ch）
                                              与密码数组的元素pwd[j]异或。因密码数组只
                                              有8个元素（下标从0到7），原文件的前8个字
                                              符分别与密码数组的8个元素异或，当下标j=8
                                              时，将j重新赋值为0，再对原文件的后续8个
                                              字符加密，以此类推。使用函数fputc( )时要用
                                              stdio.h头文件*/
        j++;          /*密码数组元素下标加1 */
        ch=fgetc(fp1);        /*得到原文件的下一个字符并赋给ch*/
      }
    fclose(fp1);     /*关闭原文件*/
    fclose(fp2);     /*关闭临时文件*/
}
```

下面示范运行一次程序：

先用记事本新建一个文件abcd.txt，输入abcdefg hijklmn opqrst uvwxyz后，保存在D：\turboc目录下，再运行这个程序对文件abcd.txt进行加密：

在用户窗口出现提示：

In_fname:

输入（**注意**：输入文件时要指明路径）

d:\turboc\abcd.txt

回车。接着出现提示：

Password:

输入：

12345678

回车。又出现提示：

temp_fname:

输入（可随便输入几个字母）：

aaaaa

回车。

如出现提示：

File was remove.

File was renamed.

表示文件加密成功，按空格键程序结束。

再打开文件abcd.txt查看，原内容已改变为

PPPPPPP_YX[Z]__^A@CBE_DGFIHK

无法看出原内容，说明加密成功。

要恢复原文件时，再运行一次程序，按上述方法输入文件名、原密码和一个临时文件名即可。

要提请读者注意：恢复一个用上述方法加密的文件，解密时输入的密码必须与加密时输入的密码相同。因此应把加密的文件名和加密的密码记下来，以备恢复时使用。

C语言的应用程序已开发了很多，读者可在网上查找到很多好程序，如用C语言开发的游戏程序就有象棋、五子棋、俄罗斯方块等等，也有一些不同行业领域的应用程序。

本 章 小 结

1．本章介绍了两种初始化图形系统的方法，应用程序中需要用到图形函数时，一方面要使用 graphics.h 头文件，另一方面要初始化图形系统。

2．本章结合应用程序的解释，介绍了几个图形函数，Turbo C 中有 91 个字符屏幕和图形函数（详见《Turbo C 实用大全》），应用时可参看有关资料。

3．本章结合应用程序的解释，还介绍了几个其他的函数，Turbo C 的库函数很丰富，本书限于篇幅，在附录 C 中只介绍了一些常用的库函数，本章介绍的一些库函数都未列入，在编写应用程序时，可参看有关资料，根据需要选用。

4．本章第 3 个实例，采用异或的方法，对文件进行加密和解密。除此之外，还有很多其他的文件加密、解密方法。其中简单的方法有取反、移位（如用 ch+n 加密，用 ch-n 解密）等，读者可参考本章实例编程。

5．编写应用程序时，因采用模块化设计方法，采用自顶向下的方法，根据总体功能，设计子功能模块（即自定义函数），主函数中的语句越精练越好，通过主函数中的语句调用子功能模块，逐步实现总体功能。本章介绍的 3 个应用程序，都采用了模块化设计方法，但仍可做进一步改进。

上 机 题

一、目的要求

1．学会应用图形函数编程解决实用问题。

2．综合运用前面各章所学知识，学会模块化编程。

3．学会查找 C 应用程序资料，并编辑调试运行。在运行不成功的情况下，学会查找问题和解决问题。

二、编程题

1．按模块化编程方法，编写一个圆形立体按钮的 C 源程序。

2．按模块化编程方法，采用取反的方法，编写对文件进行加密和解密的 C 源程序。

3．按模块化编程方法，优化本章实例一的源程序，精简主函数语句，增加子功能模块（即自定义函数）。

4．通过网络或书籍查找一个 C 应用源程序，编辑修改并加上较详细的注解，上机调试运行成功。

附　　录

附录 A　Turbo C 2.0 菜单

Turbo C 2.0 的主菜单在主屏幕顶上一行，显示下列内容：

File	Edit	Run	Compile	Project	Options	Debug	Break/watch

除 Edit 外，其他各项均有子菜单。

一、File（文件）菜单

该菜单包括以下内容：

1. Load（加载）　装入一个文件，该项的热键为 F3。

2. Pick（选择）　选择文件，其热健为 Alt+F3。

3. New（新文件）　说明文件是新的，缺省文件名为 NONAME.C，存盘时可改名。

4. Save（存盘）　将编辑区中的文件存盘，若文件名是 NONAME.C 时，将询问是否更改文件名，其热键为 F2。

5. Write to（另存为）　可由用户给出文件名将编辑区中的文件存盘，若该文件已存在，则询问要不要覆盖。

6. Directory（目录）　显示目录及目录中的文件，并可由用户选择。

7. Change　dir（改变目录）　显示当前目录，用户可以改变显示的目录。

8. Os　shell（暂时退出）　暂时退出 Turbo C 2.0 到 DOS 提示符下，此时可以运行 DOS 命令，若想回到 Turbo C 2.0 中，只要在 DOS 状态下键入 EXIT 即可。

9. Quit（退出）　退出 Turbo C 2.0，返回到 DOS 操作系统中，其热键为 Alt+X。

二、Edit（编辑）菜单

选择编辑菜单后回车，则光标出现在编辑窗口，此时用户可以进行文本编辑。可用 F1 键获得有关编辑方法的帮助信息。与编辑有关的功能键如下：

F1　　　获得 Turbo C 2.0 编辑命令的帮助信息；

F5　　　扩大编辑窗口到整个屏幕；

F6　　　在编辑窗口与信息窗口之间进行切换；

F10　　从编辑窗口转到主菜单。

编辑命令简介：

PageUp　　　向前翻页

PageDn　　　向后翻页

Home	将光标移到所在行的开始
End	将光标移到所在行的结尾
Ctrl+Y	删除光标所在的一行
Ctrl+T	删除光标所在处的一个词
Ctrl+KB	设置块开始
Ctrl+KK	设置块结尾
Ctrl+KV	块移动
Ctrl+KC	块复制
Ctrl+KY	块删除
Ctrl+KR	读文件
Ctrl+KW	存文件
Ctrl+KP	块文件打印
Ctrl+F1	如果光标所在处为 Turbo C 2.0 库函数，则获得有关该函数的帮助信息

三、Run（运行）菜单

该菜单有以下各项：

1．Run（运行程序）　运行由 Project/Project　name 项指定的文件名或当前编辑区的文件。如果对上次编译后的源代码未做过修改，则直接运行到下一个断点（没有断点则运行到结束）。否则，先进行编译、连接后才运行，其热键为 Ctrl+F9。

2．Program reset（程序重启）　中止当前的调试，释放分给程序的空间，其热键为 Ctrl+F2。

3．Go to cursor（运行到光标处）　调试程序时使用，选择该项可使程序运行到光标所在行。光标所在行必须为一条可执行语句，否则提示错误，其热键为 F4。

4．Trace into（跟踪进入）　在执行一条调用其他用户定义的子函数时，若用 Trace　into 项，则执行长条将跟踪到该子函数内部去执行，其热键为 F7。

5．Step over（单步执行）　执行当前函数的下一条语句，即使用户函数调用，执行长条也不会跟踪进函数内部，其热键为 F8。

6．User screen（用户屏幕）　显示程序运行时在屏幕上显示的结果，其热键为 Alt+F5。

四、Compile（编译）菜单

该菜单有以下几个内容：

1．Compile to OBJ （编译生成目标码）　将一个 C 源文件编译生成 .obj 目标文件，同时显示生成的文件名，其热键为 Alt+F9。

2．Make EXE file （生成执行文件）　此命令生成一个 .exe 的文件，并显示生成的 .EXE 文件名。其中 .exe 文件名是下面几项之一：

（1）由 Project/Project name 说明的项目文件名。

（2）若没有项目文件名，则由 Primary C file 说明的源文件。

（3）若以上两项都没有文件名，则为当前窗口的文件名。

　　3．Link EXE file（连接生成执行文件）　把当前.obj 文件及库文件连接在一起生成.exe 文件。

　　4．Build all（建立所有文件）　重新编译项目里的所有文件，并进行装配生成.exe 文件。该命令不作过时检查（上面的几条命令要作过时检查，即如果目前项目里源文件的日期和时间与目标文件相同或更早，则拒绝对源文件进行编译）。

　　5．Primary C file （主 C 文件）　当在该项中指定了主文件后，在以后的编译中，如没有项目文件名则编译此项中规定的主 C 文件，如果编译中有错误，则将此文件调入编辑窗口，不管目前窗口中是不是主 C 文件。

　　6．Get info　获得有关当前路径、源文件名、源文件字节大小、编译中的错误数目、可用空间等信息。

五、Project（项目）菜单

该菜单有以下内容：

　　1．Project name（项目名）　选择一个工程文件名，它包括要编译或链接的各文件名。

　　2．Break make on（中止编译）　指定在哪种情况下中止一个工程制作过程。这些情况包括：警告（Warning）、出错（Errors）、灾难性错误（fatal error），以及链接（link）之前。

　　3．Auto dependencies（自动依赖）　当开关置为 on，编译时将检查源文件与对应的.OBJ 文件日期和时间，否则不进行检查。

　　4．Clear project（清除项目文件）　清除工程文件名，并重新设置信息窗口。

　　5．Remove messages（删除信息）　把错误信息从信息窗口中清除掉。

六、Options（选择菜单）

该菜单有以下内容（对初学者来说要谨慎使用）：

1．Compiler（编译器）　编译程序。

2．Linker（连接器）　链接程序，本菜单设置有关连接的选择项，它有以下内容：

（1）Map file：选择是否产生.map 文件。

（2）Initialize segments：是否在连接时初始化没有初始化的段。

（3）Default libraries：是否在连接其他编译程序产生的目标文件时去寻找其缺省库。

（4）Graphics library：是否连接 graphics 库中的函数。

（5）Warn duplicate symbols：当有重复符号时产生警告信息。

（6）Stack warning：是否让连接程序产生 No stack 的警告信息。

（7）Case –sensitive link：是否区分大、小写字。

3．Environment（环境）　本菜单规定是否对某些文件自动存盘及制表键和屏幕大小的设置

（1）Message tracking：信息跟踪。

（2）Current file：跟踪在编辑窗口中的文件错误。

（3）All files：跟踪所有文件错误。

（4）Off：不跟踪。

（5）Keep message：编译前是否清除 Message 窗口中的信息。

（6）Config auto save：选 on 时，在 Run，Shell 或退出集成开发环境之前，如果 Turbo C 2.0 的配置被改过，则所做的改动将存入配置文件中，选 off 时不存。

（7）Edit auto save：是否在 Run 或 Shell 之前，自动存储编辑的源文件。

（8）Backup file：是否在源文件存盘时产生后备文件（.bak 文件）。

（9）Tab size：设置制表键大小，默认为 8。

（10）Zoomed windows：将现行活动窗口放大到整个屏幕，其热键为 F5。

（11）Screen size：设置屏幕文本大小。

4．Directories（路径）　规定编译、连接所需文件的路径，有下列各项：

（1）Include directories：包含文件的路径，多个子目录用";"分开。

（2）Library directories：库文件路径，多个子目录用";"分开。

（3）Output directory：输出文件（.obj，.exe，.map 文件）的目录。

（4）Turbo C directory：Turbo C 所在的目录。

（5）Pick file name：定义加载的 pick 文件名，如不定义则从 current pick file 中取。

5．Arguments（命令行参数）　允许用户使用命令行参数。

6．Save options　（存储配置）　保存所有选择的编译、连接、调试和项目到配置文件中，缺省的配置文件为 TCCONFIG.tc。

7．Retrieve options　恢复设置。

七、Debug（调试）菜单

该菜单主要用于查错，有以下内容：

1．Evaluate：Expression　　要计算结果的表达式。

2．Call stack　　调用堆栈。

3．Find function　　查找函数。

4．Refresh display　　刷新显示，如果编辑窗口偶然被用户窗口重写了，可用此恢复编辑窗口的内容。

5．Display swapping　　交换显示。

6．Source debugging　　源程序调试。

八、Break/watch（断点及监视表达式）

该菜单有以下内容：

1．Add watch　　向监视窗口插入一监视表达式。

2．Delete watch　　从监视窗口中删除当前的监视表达式。

3．Edit watch　　在监视窗口中编辑一个监视表达式。

4．Remove all watches　　从监视窗口中删除所有的监视表达式。

5．Toggle breakpoint　　对光标所在的行设置或清除断点。

6．Clear all breakpoints　　清除所有断点。

7．View next breakpoint　　将光标移动到下一个断点处。

附录 B　标准 ASCII 码字符编码表

DEC	OCT	HEX	KEY	DEC	OCT	HEX	KEY	DEC	OCT	HEX	KEY
0	0	0	（null）	43	53	2b	+	86	126	56	V
1	1	1	☺	44	54	2c	,	87	127	57	W
2	2	2	●	45	55	2d	-	88	130	58	X
3	3	3	♥	46	56	2e	.	89	131	59	Y
4	4	4	♦	47	57	2f	/	90	132	5a	Z
5	5	5	♣	48	60	30	0	91	133	5b	[
6	6	6	♠	49	61	31	1	92	134	5c	\
7	7	7	（beep）	50	62	32	2	93	135	5d	]
8	10	8	▫	51	63	33	3	94	136	5e	^
9	11	9	（tap）	52	64	34	4	95	137	5f	- （下划线）
10	12	a	（line feed）	53	65	35	5	96	140	60	’
11	13	b	（home）	54	66	36	6	97	141	61	a
12	14	c	（from feed）	55	67	37	7	98	142	62	b
13	15	d	（carriage return）	56	70	38	8	99	143	63	c
14	16	e	♫	57	71	39	9	100	144	64	d
15	17	f	☼	58	72	3a	:	101	145	65	e
16	20	10	►	59	73	3b	;	102	146	66	f
17	21	11	◄	60	74	3c	<	103	147	67	g
18	22	12	↕	61	75	3d	=	104	150	68	h
19	23	13	‼	62	76	3e	>	105	151	69	i
20	24	14		63	77	3f	?	106	152	6a	j
21	25	15	§	64	100	40	@	107	153	6b	k
22	26	16	▬	65	101	41	A	108	154	6c	l
23	27	17	↨	66	102	42	B	109	155	6d	m
24	30	18	↑	67	103	43	C	110	156	6e	n
25	31	19	↓	68	104	44	D	111	157	6f	o
26	32	1a	→	69	105	45	E	112	160	70	p
27	33	1b	←	70	106	46	F	113	161	71	q
28	34	1c	∟	71	107	47	G	114	162	72	r
29	35	1d	↔	72	110	48	H	115	163	73	s
30	36	1e	▲	73	111	49	I	116	164	74	t
31	37	1f	▼	74	112	4a	J	117	165	75	u
32	40	20	（space）	75	113	4b	K	118	166	76	v
33	41	21	!	76	114	4c	L	119	167	77	w
34	42	22	"	77	115	4d	M	120	170	78	x
35	43	23	#	78	116	4e	N	121	171	79	y
36	44	24	$	79	117	4f	O	122	172	7a	z
37	45	25	%	80	120	50	P	123	173	7b	{
38	46	26	&	81	121	51	Q	124	174	7c	|
39	47	27	‘	82	122	52	R	125	175	7d	}
40	50	28	(	83	123	53	S	126	176	7e	~
41	51	29	)	84	124	54	T	127	177	7f	del
42	52	2a	*	85	125	55	U				

注：DEC、OCT、HEX 分别表示用十、八、十六进制表示的 ASCII 码值，KEY 表示对应字符。ASCII 码有 256 个，本表只列出了 ASCII 码 0～127（DEC）对应的字符，未列 128～255（DEC）对应的字符。

C 语言程序设计实用教程

附录 C Turbo C 常用库函数

一、数学函数（数学函数用"math . h"头文件）

序号	函数类型	函数名	功 能 及 用 法	函数返回值类型	形参类型
1	指数函数	exp	求 e^x 的值。exp(x)	double	double x
2		pow	求 x^y 的值。pow(x, y)	double	double x, y
3	幂函数	sqrt	求 $\sqrt{x}$ 的值，要求 x 非负。sqrt (x)	double	double x
4	对数函数	log	求 $\log_e x$，即 ln x 的值。log(x)	double	double x
5		log10	求 $\log_{10} x$，即 lg x 的值。log10(x)	double	double x
6		sin	求正弦 sin x 的值。sin(x)	double	double x
7		cos	求余弦 cos x 的值。cos(x)	double	double x
8		tan	求正切 tan x 的值。tan(x)	double	double x
9		asin	求反正弦 arcsin x 的值。asin(x)	double	double x
10	三角函数	acos	求反余弦 arccos x 的值。acos(x)	double	double x
11	反三角函数	atan	求反正切 arctan x 的值。atan(x)	double	double x
12		atan2	求反正切 arctan(x/y)的值。atan2(x, y)	double	double x, y
13		sinh	求双曲正弦 sinh x 的值。sinh(x)	double	double x
14		cosh	求双曲余弦 cosh x 的值。cosh(x)	double	double x
15		tanh	求双曲正切 tanh x 的值。tanh(x)	double	double x
16		fabs	求 x 的绝对值。fabs(x)	double	double x
17		floor	求不大于 x 的最大整数值。floor(x)	double	double x
18		fmod	求整除 x/y 的余数值。fmod (x, y)	double	double x,y
19	其他函数	frexp	把数 v 分解为数字部分（尾数）x 和以 2 为底的指数 n，即 $v=x*2^n$。函数返回 v 的数字部分，n 存放在 p 指向的变量中。frexp(v, p)	double	double v; int *p
20		modf	把数 v 分解为整数部分和以小数部分。函数返回 v 的小数部分，把 v 的整数部分存放在 p 指向的变量中。modf(v, p)	double	double v; double *p

二、输入和输出函数（输入和输出函数用"stdio.h"头文件）

序号	函数类型	函数名	功能及用法	函数返回值类型	形参类型
1	数字、字符、字符串输入函数	scanf	从标准输入设备按格式 f 读取数据给 a,⋯所指向的存储单元。scanf (f, a,⋯)	int	char *f; a,⋯为地址量
2		getch	得到一个输入字符并返回，但返回字符不显示在屏幕上。getch( )	int	void
3		getchar	得到一个输入字符并返回，返回字符显示在屏幕上。getchar( )	int	void
4	数字、字符、字符串输出函数	printf	将输出列表 a,⋯的值按格式 f 输出到标准输出设备。printf (f, a,⋯)	int	char *f; a,⋯为表达式
5		putchar	将字符 ch 输出到标准输出设备，返回值是输出的字符。putchar(ch)	int	int ch
6		puts	将 str 所指向的字符串输出到标准输出设备，将'\0'转换为回车换行符，返回换行符。puts(str)	int	char *str
7	文件输入输出函数	open	以 mode 指定的方式打开文件 file，成功返回文件号，失败返回-1。open(file, mode)	int	char *file; int mode
8		getc	从 fp 所指向的文件内读入一个字符。返回所读字符。getc(fp)	int	FILE *fp
9		getw	从 fp 所指向的文件内读入一个字(整数)。返回所读字（整数）。getw(fp)	int	FILE *fp
10		fwrite	把 ptr 所指向的 size*n 个字符输出到 fp 所指向的文件内。fwrite(ptr, size, n, fp)	int	char *ptr; unsigned size, n; FILE *fp
11		putc	将字符 ch 输出到 fp 所指向的文件中，返回输出的字符。putc(ch, fp)	int	int ch; FILE *fp
12		putw	将一个字（整数）写到 fp 所指向的文件中，返回输出的字（整数）。putw(w, fp)	int	int w; FILE *fp
13		fseek	将 fp 所指向的文件的位置指针，以 base 为基准，以 offset 为位移量进行移动，返回值为当前位置。fseek(fp, offset, base)	int	FILE *fp; long offset; int base
14		ftell	返回 fp 所指向的文件的读写位置。ftell(fp)	long	FILE *fp
15		rewind	将 fp 所指向的文件的位置指针移到文件的开头位置，并清除文件结束标志和错误标志。rewind(fp)	void	FILE *fp
16		rename	重新命名文件。rename(old, new)	int	char *old, *new
17		read （原型在 io.h 中）	从文件号 fd 所指向的文件中读取 count 字节到 buf 所指的缓冲区中。read(fd, buf, count)	int	int fd; char *buf; unsiged count
18		write （原型在 io.h 中）	从 buf 所指的缓冲区中输出 count 字节到 fd 所指向的文件中。write(fd, buf, count)	int	int fd; char *buf; unsiged count

三、字符函数和字符串函数（字符型函数用"ctype.h"头文件，字符串型函数用"string.h"头文件）

序号	函数类型	函数名	功 能 及 用 法	函数返回值类型	形参类型
1	字符型 函数	isalnum	检查 ch 是否是字母或数字。isalnum(ch)	int	int ch
2		iaslpha	检查 ch 是否是字母。isalpha(ch)	int	int ch
3		iscntrl	检查 ch 是否是控制字符。iscntrl(ch)	int	int ch
4		isdigit	检查 ch 是否是数字（0～9）。isdigit(ch)	int	int ch
5		isgraph	检查 ch 是否是可打印字符（其 ASCII 码在 HEX：0～1f 之间）。isgraph(ch)	int	int ch
6		islower	检查 ch 是否是小写字母。islower(ch)	int	int ch
7		isprint	检查 ch 是否是可打印字符（其 ASCII 码在 HEX：20～7e 之间）。isprint(ch)	int	int ch
8		ispunct	检查 ch 是否是标点符号。ispunct(ch)	int	int ch
9		isspace	检查 ch 是否是空格、跳格符或换行符。isspace(ch)	int	int ch
10		isupper	检查 ch 是否是大写字母。isupper(ch)	int	int ch
11		isxdigit	检查 ch 是否是一个 HEX（十六进制）数字字符（即 0～9 或 a～f 或 A～F）。isxdigit(ch)	int	int ch
12		tolower	将字母 ch 转换为对应的小写字母。tolower(ch)	int	int ch
13		toupper	将字母 ch 转换为对应的大写字母。toupper(ch)	int	int ch
14	字符串 型函数	strcat	把字符串 str2 接到 str1 的后面，原 str1 最后的 '\0' 被取消。strcat(str1,str2)	char *str1	char *str1,*str2
15		strchr	在 str 指向的字符串中找出第一个出现字符 ch 的位置，返回指向该位置的指针，找不到则返回空指针。strchr(str, ch)	char *	char *str; int ch
16		strcmp	比较两个字符串，若 str1<str2 则返回负数；若 str1=str2，则返回 0；若 str1>str2 则返回正数。strcmp(str1, str2)	int	char *str1,*str2
17		strcpy	把 str2 指向的字符串复制到 str1 中，返回 str1 的指针。strcpy(str1, str2)	char *str1	char *str; int ch
18		strlen	统计字符串 str 中字符的个数（不包括 '\0'），strlen(str)	unsigned int	char *str
19		strstr	找出字符串 str2 在 str1 中第一次出现的位置（不包括 str2 的终止符），返回该位置的指针。strstr（str1，str2）	char *	char *str1,*str2

参 考 文 献

1 徐金梧，杨德斌，徐科编. TURBO C 实用大全. 北京：机械工业出版社，1996
2 李培金主编. C 语言程序设计案例教程. 西安：西安电子科技出版社，2003
3 谭浩强著. C 程序设计. 第 2 版. 北京：清华大学出版社，1999
4 经典程序 100 例. 唯 C 世界 http://www.vaok.com /class，2004

参考文献

1. 叶其孝，沈永欢. 实用数学手册. 北京：科学出版社，1995.
2. 同济大学应用数学系. 高等数学. 北京：高等教育出版社，2002.
3. 盛骤，谢式千. 概率论与数理统计. 北京：高等教育出版社，1989.
4. 华罗庚金应熹. 从单位圆谈起. 北京：中国少年儿童出版社，2002.